北大社·"十三五"普通高等教育本科规划教材
高等院校材料专业"互联网+"创新规划教材

复合材料导论

主　编　王春艳
副主编　齐海群　王丽雪
主　审　王振廷

内 容 简 介

本书作为材料类专业的技术基础课教材,较全面系统地介绍了复合材料基本知识、复合材料基体与增强材料和不同基体复合材料的组成、分类、性能特点、成型加工技术、应用、研究现状与发展趋势等,同时对复合材料的界面和复合材料的结构设计基础知识作了简单介绍。本书内容新颖,科学性、实用性强,语言简洁,信息量大,并设有教学要求、引例、复习思考题和扩展阅读等模块,方便读者阅读参考。

本书既可作为高等学校材料类专业本科生教材,又可作为从事复合材料研究与管理等工作的工程技术人员的参考用书。

图书在版编目(CIP)数据

复合材料导论/王春艳主编. —北京:北京大学出版社,2018.7
(高等院校材料专业"互联网+"创新规划教材)
ISBN 978-7-301-29486-4

Ⅰ. ①复… Ⅱ. ①王… Ⅲ. ①复合材料—高等学校—教材 Ⅳ. ①TB33

中国版本图书馆 CIP 数据核字(2018)第 084436 号

书　　　名	复合材料导论 FuHe CaiLiao DaoLun
著作责任者	王春艳　主编
策 划 编 辑	童君鑫
责 任 编 辑	李娉婷
数 字 编 辑	刘　蓉
标 准 书 号	ISBN 978-7-301-29486-4
出 版 发 行	北京大学出版社
地　　　址	北京市海淀区成府路 205 号　100871
网　　　址	http://www.pup.cn　新浪微博:@北京大学出版社
电 子 邮 箱	编辑部 pup6@pup.cn　总编室 zpup@pup.cn
电　　　话	邮购部 010-62752015　发行部 010-62750672　编辑部 010-62750667
印 刷 者	河北滦县鑫华书刊印刷厂
经 销 者	新华书店
	787 毫米×1092 毫米　16 开本　11.25 印张　258 千字 2018 年 7 月第 1 版　2024 年 7 月第 3 次印刷
定　　　价	45.00 元

未经许可,不得以任何方式复制或抄袭本书之部分或全部内容。
版权所有,侵权必究
举报电话: 010-62752024　电子邮箱: fd@pup.cn
图书如有印装质量问题,请与出版部联系,电话: 010-62756370

前　言

人类发展的历史证明，材料是社会进步的物质基础和先导，是人类进步的里程碑。纵观人类利用复合材料的历史，可以清楚地看到，每一种复合材料的发现和利用，都会把人类支配和改造自然的能力提高到一个新的水平，给社会生产力和人类生活带来巨大的变化。在新型材料研究、开发和应用，在特种性能的充分发挥以及传统材料的改性等诸多方面，复合材料科学都肩负着重要的历史使命。

为满足培养适应时代发展的人才需求，材料类专业学生不仅要熟悉金属材料，还需要了解复合材料、高分子材料、陶瓷材料及功能材料。本书较全面系统地介绍了复合材料基本知识、复合材料基体与增强材料和不同基体复合材料的组成、分类、性能特点、成型加工技术、应用、研究现状与发展趋势等，同时对复合材料的界面和复合材料的结构设计基础知识作了简单介绍。

全书内容共分为7章，内容新颖，科学性、实用性强，语言简洁，信息量大，设有教学要求、引例、复习思考题和扩展阅读等模块，方便读者阅读参考。

本书由王春艳担任主编，齐海群、王丽雪担任副主编，具体编写分工如下：绪论、第3章由齐海群编写，第1章由王丽雪编写，第2、4、5、6、7章由王春艳编写。全书由黑龙江科技大学王振廷教授担任主审。

在本书的编写过程中，我们参考了国内外有关教材、科技著作、论文、相关标准、网站及百度图库等，在此特向有关作者和单位致以深切的谢意！

由于编者水平有限，恳请广大读者对本书疏漏及不妥之处批评指正。

编　者
2018 年 4 月

目 录

绪论 …………………………………… 1
  0.1 材料发展与人类文明 ………… 1
  0.2 材料是社会现代化的物质基础
     与先导 ………………………… 1
  0.3 复合材料与工程 ……………… 3

第1章 复合材料基本知识 …………… 6
  1.1 复合材料的发展概况 ………… 6
    1.1.1 复合材料发展历史 ……… 6
    1.1.2 国内复合材料的发展
        概况 ……………………… 8
  1.2 复合材料的定义和特点 ……… 9
    1.2.1 复合材料的定义 ………… 9
    1.2.2 复合材料的特点 ………… 10
    1.2.3 复合材料的应用 ………… 10
  1.3 复合材料的分类 ……………… 13
  1.4 复合材料的基本性能 ………… 15
  1.5 复合材料的结构设计基础 …… 17
  复习思考题 ………………………… 18
  拓展阅读 …………………………… 19

第2章 复合材料基体与增强材料 …… 21
  2.1 复合材料的基体材料 ………… 22
    2.1.1 金属基体 ………………… 22
    2.1.2 聚合物基体 ……………… 27
    2.1.3 陶瓷基体 ………………… 40
    2.1.4 无机凝胶材料基体 ……… 42
  2.2 复合材料的增强材料 ………… 44
    2.2.1 无机纤维 ………………… 45
    2.2.2 有机纤维 ………………… 57
    2.2.3 晶须 ……………………… 62
    2.2.4 颗粒增强体 ……………… 64
  复习思考题 ………………………… 66
  拓展阅读 …………………………… 66

第3章 复合材料的界面 ……………… 67
  3.1 复合材料界面的概念 ………… 67
  3.2 聚合物基复合材料界面及
     改性方法 ……………………… 68
  3.3 金属基复合材料界面及
     改性方法 ……………………… 70
  3.4 复合材料界面表征 …………… 73
  复习思考题 ………………………… 75
  拓展阅读 …………………………… 75

第4章 金属基复合材料及其应用 …… 76
  4.1 金属基复合材料概述 ………… 77
    4.1.1 金属基复合材料的定义 … 77
    4.1.2 金属基复合材料的组成 … 77
    4.1.3 金属基复合材料的分类 … 81
    4.1.4 金属基复合材料的
        发展历史 ………………… 82
  4.2 金属基复合材料的性能 ……… 83
  4.3 金属基复合材料的制备工艺 … 85
  4.4 金属基复合材料的应用 ……… 92
    4.4.1 在航空航天领域中的
        应用 ……………………… 92
    4.4.2 在交通运输工具中的
        应用 ……………………… 94
    4.4.3 在电子/热控领域的
        应用 ……………………… 95
    4.4.4 在其他领域中的应用 …… 96
  4.5 金属基复合材料的研究现状 … 97
    4.5.1 金属基复合材料研究中的
        热点问题 ………………… 97
    4.5.2 金属基复合材料的发展
        趋势 ……………………… 98
  复习思考题 ………………………… 102
  拓展阅读 …………………………… 102

第5章 聚合物基复合材料及其
      应用 …………………………… 105
  5.1 聚合物基复合材料概述 ……… 106

5.1.1 聚合物基复合材料的定义 …………… 106

5.1.2 聚合物基复合材料的组成 …………… 106

5.1.3 聚合物基复合材料的分类 …………… 112

5.1.4 聚合物基复合材料的发展历程 …………… 113

5.2 聚合物基复合材料的性能特点 …………… 114

5.3 聚合物基复合材料的成型加工技术 …………… 116

5.4 聚合物基复合材料的应用 …………… 122

5.5 聚合物基复合材料的研究现状 …………… 129

    5.5.1 聚合物基复合材料技术的新进展 …………… 129

    5.5.2 聚合物基复合材料的发展趋势 …………… 130

复习思考题 …………… 132

拓展阅读 …………… 132

第6章 陶瓷基复合材料及其应用 …… 134

6.1 陶瓷基复合材料概述 …………… 135

    6.1.1 陶瓷基复合材料的基体 … 135

    6.1.2 陶瓷基复合材料的增强体 …………… 137

6.2 陶瓷基复合材料的性能 …………… 138

    6.2.1 单向排布长纤维复合材料 …………… 139

    6.2.2 多向排布纤维增韧复合材料 …………… 140

    6.2.3 晶须和颗粒增强陶瓷基复合材料 …………… 140

6.3 陶瓷基复合材料的成型加工技术 …………… 141

    6.3.1 纤维增强陶瓷复合材料的加工与制备 …………… 141

    6.3.2 晶须与颗粒增韧陶瓷基复合材料的加工与制备 …… 143

6.4 陶瓷基复合材料在工业上的应用 …………… 145

6.5 陶瓷基复合材料的研究现状 …… 147

    6.5.1 高温陶瓷基复合材料…… 147

    6.5.2 层状陶瓷基复合材料…… 148

    6.5.3 纤维增韧陶瓷基复合材料 …………… 149

复习思考题 …………… 150

拓展阅读 …………… 150

第7章 其他复合材料简介 …… 152

7.1 水泥基复合材料 …………… 153

    7.1.1 水泥的定义和分类 …… 153

    7.1.2 水泥的制造方法和主要成分 …………… 153

7.2 碳/碳复合材料 …………… 155

    7.2.1 碳纤维的选择 …………… 155

    7.2.2 碳/碳复合材料的界面 … 155

    7.2.3 坯体的成型 …………… 156

    7.2.4 坯体的致密化 …………… 157

7.3 混杂纤维复合材料 …………… 159

    7.3.1 混杂纤维复合材料的含义及种类 …………… 159

    7.3.2 混杂纤维复合材料的基本性能 …………… 160

7.4 纳米复合材料 …………… 161

    7.4.1 概况 …………… 161

    7.4.2 纳米粉体的制备 …………… 161

复习思考题 …………… 166

拓展阅读 …………… 167

参考文献 …………… 169

绪　　论

0.1　材料发展与人类文明

材料是人类社会进步的物质基础和先导，是人类进步的里程碑。综观人类发展和材料发展的历史，可以清楚地看到，每一种重要材料的发现和利用都会把人类支配和改造自然的能力提高到一个新的水平，给社会生产力和人类生活带来巨大的变化。材料的发展与人类进步和发展息息相关。10000年前，人类使用石头作为日常生活工具，标志着人类进入了旧石器时代，人类战争也进入了冷兵器时代。7000年前，人类在烧制陶器的同时创造了炼铜技术，青铜制品得到广泛应用，标志着人类进入了青铜器时代。同时，火药的发明又使人类战争进入了杀伤力更强的热兵器时代。5000年前，人类开始使用铁，随着炼铁技术的发展，人类又发明了炼钢技术。19世纪中期，转炉、平炉炼钢的发展使得世界钢产量迅猛增加，大大促进了机械、铁路交通的发展。随着20世纪中期合金钢的大量使用，标志着人类进入了钢铁时代，钢铁在人类活动中起着举足轻重的作用。核材料的发现，将人类引入了可以毁灭自己的核军备竞赛，同时核材料的和平利用，给人类带来了光明。20世纪中后期以来，高分子、陶瓷材料崛起以及复合材料的发展，给人类带来了新的材料和技术革命，楼房可以越盖越高，飞机可以越飞越快，同时人类进入太空的梦想变成了现实。信息、能源、材料是现代科技的三大支柱，它们会将人类物质文明推向新的阶段。

0.2　材料是社会现代化的物质基础与先导

材料是人类生存和生活必不可少的部分，是直接推动社会发展的动力。没有材料科学的发展，就不会有人类社会的进步和经济的繁荣。基于材料对社会发展的作用，人们已提出将信息、能源和材料并列为现代文明和生活的三大支柱。在三大支柱中，材料又是能源和信息的基础。

所谓材料，是指经过某种加工，具有一定结构、组分和性能，并可应用于一定用途的物质。在实践中，人们按用途把材料分成结构材料和功能材料。结构材料主要是利用其强度、韧性、力学及热力学等性质。功能材料则主要利用其声、光、电、磁、热等性能。按化学成分分类，则可把材料分为金属材料、有机高分子材料、无机非金属材料及复合材料等。

某一种新材料的问世及其应用，往往会引起人类社会的重大变革。人们把人类历史分为石器时代、青铜器时代和铁器时代。在群居洞穴的猿人旧石器时代，通过简单加工获得石器帮助人类狩猎、护身和生存，随着对石器加工制作水平的提高，出现了原始手工业（如制陶和纺织），人们称之为新石器时代。青铜器时代源于4000~5000年前，青铜是铜、锡、铝等元素组成的合金，与纯铜相比，青铜熔点低，硬度高，比石器易制作且耐用。青铜器大大促进了农业和手工业的出现。铁器时代则被认为是始于2000多年前的春秋战国时代，由铁制作的农具、手工工具及各种兵器，得以广泛应用，大大促进了当时社会的发展。钢铁、水泥等材料的出现和广泛应用，使人类社会开始从农业和手工业社会进入工业社会。20世纪半导体硅、高集成芯片的出现和广泛应用，则把人类由工业社会推向信息和知识经济社会。

新材料既是当代高新技术的重要组成部分，又是发展高新技术的重要支柱和突破口。正是因为有了高强度的合金，新的能源材料及各种非金属材料，才会有航空和汽车工业；正是因为有了光纤，才会有今天的光纤通信；正是因为有了半导体工业化生产，才会有今天高速发展的计算机技术和信息技术。当今世界各国在高技术领域的竞争，在很大程度上是新材料水平的较量。图0-1所示为由于材料性能的改进而出现的一些造型优美的建筑结构。

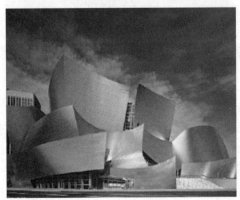

图0-1 现代建筑中的金属材料结构

新材料与现代科学技术特别是高技术是互相依存、互相促进的，高技术的飞速发展对新材料提出了更高的要求。精密测试技术、电子显微技术、高速大容量计算技术等的发展，为材料科学工作者提供了更有力的研究工具。

0.3 复合材料与工程

【复合材料与工程】

1. 复合材料与工程的由来

现代高科技的发展更紧密地依赖于新材料的发展，同时也对材料提出了更高、更苛刻的要求。在现代高技术迅猛发展的今天，特别是航空航天和海洋开发领域的发展，使材料的使用环境更加恶劣，因而对材料提出了越来越苛刻的要求。例如，航天飞机等空间飞行器在飞行过程中要受到大气阻力、地球引力、太阳辐射力、空间热环境、太阳风、宇宙射线、宇宙尘埃、流星、磁矩等的作用。飞行器发动机还要受到其热环境、内流形成的气动力、结构振动、机件高速转动、液体晃动、振荡燃烧和纵向耦合振动等非正常破坏力的作用。同时由于飞行范围（M数、飞行高度）的扩大、发动机的推力、比推力及推重比大大提高，导致了发动机压力比、涵道比、进口温度、燃烧室温度、转子转速等也日益提高。由此构成的力、热、化学和物理等效应的作用，最终都要集中到构成飞行器和发动机结构的材料上，因此对材料的质轻、高强、高韧、耐热、抗疲劳、抗氧化及抗腐蚀等特性也日益提出了更加苛刻的要求。又如，现代武器系统的发展对新材料提出了如下要求：①高比强度、高比模量；②耐高温、抗氧化；③防热、隔热；④吸波、隐身；⑤全天候；⑥高抗破甲、抗穿甲性；⑦减振、降噪，稳定、隐蔽、高精度和命中率；⑧抗激光、抗定向武器；⑨多功能；⑩高可靠性和低成本。

很明显，传统的单一材料无法满足以上综合要求，当前作为单一的金属、陶瓷、聚合物等材料虽然仍在日新月异地不断发展，但是以上这些材料由于其各自固有的局限性而不能满足现代科学技术发展的需要。例如，金属材料的强度、模量和高温性能等已几乎开发到了极限；陶瓷的脆性、有机高分子材料的低模量、低熔点等固有的缺点极大地限制了其应用，这些都促使人们研究开发并按预定性能设计新型材料。

复合材料，特别是先进复合材料就是为了满足以上高技术发展的需求而开发的高性能的先进材料。它由两种或两种以上性质不同的材料组合而成，各组分之间性能"取长补短"，起到"协同作用"，可以得到单一材料无法比拟的优秀的综合性能，极大地满足了人类发展对新材料的需求。因此，复合材料是应现代科学技术而发展出来的具有极强生命力的材料，是现代科学技术不断进步的结果，是材料设计的一个突破。图0-2所示为用3D打印技术制作的纤维增强复合材料。图0-3所示为用先进复合材料制成的各种体育用品。

2. 复合材料的发展过程

当前以信息、生命和材料三大学科为基础的世界规模的新技术革命风涌兴起，它将人类的物质文明推向一个新阶段。在新型材料研究、开发和应用，在特种性能的充分发挥以及传统材料的改性等诸多方面，材料科学都肩负着重要的历史使命。近 30 年来，科学技术迅速发展，特别是尖端科学技术的突飞猛进，对材料性能提出越来越高、越来越严和越来越多的要求。在许多方面，传统的单一材料已不能满足实际需要，这些都促进了人们对材料的研究逐步摆脱过去单纯靠经验的摸索方法，而向着按预定性能设计新材料的研究方向发展。

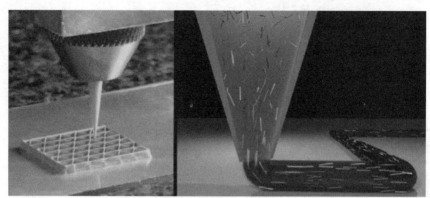

图 0-2　3D 打印技术制作的纤维增强复合材料

图 0-3　先进复合材料制成的各种体育用品

复合材料是一种多相材料，可由金属材料、无机非金属材料和高分子材料复合而成。这种材料既可以保持原组分材料的某些特征，又能通过复合效应而产生某些组分材料不具备的优良特性；它可以根据需要进行设计，从而更能合理地达到使用要求。

自然界中，许多天然材料都可以看作复合材料。例如，树木、竹子是由纤维素和木质素复合而成的，其中纤维素抗拉强度大，但刚性小，比较柔软，而木质素则把众多的纤维素黏结成刚性体；动物的骨骼是由硬而脆的磷酸盐和软而韧的蛋白质骨胶组成的复合材料。人类很早就效仿天然复合材料，在生活和生产中制成了初期的复合材料。早在公元前 2000 多年，中国的祖先曾采用黏性泥浆中加入稻草做成土坯来建造房子，这便是早期复合材料的应用实例之一。之后，伴随着人们对材料研究的不断深入和对材料性能要求的不断提高，近代复合材料应运而生。

20 世纪 40 年代，玻璃纤维和合成树脂大量商品化生产以后，纤维复合材料发展成为具有工程意义的材料，同时相应地展开了与之有关的科研工作。至 20 世纪 60 年代，纤维复合材料在技术上臻

【复合材料发展过程】

于成熟，在许多领域开始取代金属材料。

进入20世纪60年代末期，树脂基高性能复合材料已用于制造军用飞机的承力结构，近年来又进入其他工业领域。

20世纪70年代末期发展的金属基复合材料由于具有优良导电性和导热性，高的强度和模量，低的密度、耐疲劳、耐磨损、高阻尼、不吸潮和膨胀系数低等特点，已经广泛用于航空航天等尖端技术领域。

20世纪80年代开始逐渐发展陶瓷基复合材料，采用纤维补强陶瓷基体以提高韧性。

纵观复合材料发展过程，可以看出，早期发展出现的复合材料，由于性能相对比较低，生产量大，使用面广，被称为常用复合材料。后来随着高技术发展的需要，在此基础上又发展出高性能的先进复合材料。

第 1 章 复合材料基本知识

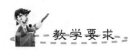教学要求

教学目标	知识要点
了解复合材料发展历史及国内发展概况	古代复合材料、现代复合材料
掌握复合材料的定义、特点	复合材料定义、特点
掌握复合材料的分类	增强材料形态、增强纤维类型、基体材料、材料作用
掌握不同基体复合材料的性能特点	金属基、聚合物基及陶瓷基复合材料的性能特点异同
了解复合材料设计基础	复合材料设计基础

引例

从 1996 年 11 月 20 日的 "神舟一号" 升空开始到 2008 年 9 月 25 日 "神舟七号" 上天，中国在十多年的时间里七次飞天，在飞船中运用了大量的复合材料，复合材料的采用为神舟号飞船减重 30%，不仅增加了有效载荷，并使飞船在空中承受激烈交变温度时保持了结构的稳定性，提高了推进系统的精度。

资料来源：http://www.docin.com

1.1 复合材料的发展概况

1.1.1 复合材料发展历史

人类在远古时代就从实践中认识到，可以根据用途需要，组合两种或多种材料，利用性能优势互补，制成原始的复合材料。所以复合材料既是一种新型材料，也是一种古老的

材料。复合材料的发展历史，从用途、构成、功能以及设计思想和发展研究等方面，大体上可分为古代复合材料和现代复合材料两个阶段。

1. 古代复合材料

在中国西安东郊半坡村仰韶文化遗址发现，早在公元前 2000 年以前，古代人已经用草茎增强土坯作住房墙体材料。中国沿用至今的漆器是用漆作基体，用麻绒或丝绢织物作增强体的复合材料，这种漆器早在 7000 年前的新石器时代即有萌芽。1957 年江苏吴江梅堰遗址出土的油漆彩绘陶器，1978 年浙江余姚河姆渡遗址出土的朱漆木碗，就是两件最早的漆器实物。史料记载，距今 4000 多年的尧舜夏禹时期已发明漆器，用作食品容器和祭品。湖南长沙马王堆汉墓出土的漆器鼎壶、盆具和茶几等，用漆作胶黏剂，丝麻作增强体。在湖北随县出土的 2000 多年前曾侯乙墓葬中，发现用于车战的长达 3m 多的戈戟和殳，用木芯外包纵向竹丝，以漆作胶黏剂，丝线环向缠绕，其设计思想与近代复合材料相仿。1000 多年以前，中国已用木料和牛角制弓，可在战车上发射。至元代，蒙古弓用木材作芯子、受拉面粘单向纤维，受压面粘牛角片，丝线缠绕，漆作黏合剂，弓轻巧有力，是古代复合材料制造水平高超的夹层结构。在金属基复合材料方面，中国也有高超的技艺。如越王剑，是金属包层复合材料制品，不仅光亮锋利，而且韧性和耐腐蚀性优异，埋藏在潮湿环境中几千年，出土后依然寒光夺目，锋利无比。5000 年以前，中东地区用芦苇增强沥青造船。在古埃及墓葬出土时，发现用名贵紫檀木在普通木材上装饰贴面的棺撑、家具。古埃及修建的金字塔，用石灰、火山灰等作黏合剂，混合砂石等作砌料，这是最早、最原始的颗粒增强复合材料。但是，上述辉煌的历史遗产，只是人类与自然界的斗争实践中不断改进而取得的，同时都是取材于天然材料，对复合材料还是处于不自觉的感性认识阶段。

2. 现代复合材料

20 世纪 40 年代，纤维复合材料成为早期发展出的现代复合材料，由于性能相对较低，生产量大，使用面广，被称为常用复合材料。后来随着高技术发展的需要，在此基础上又发展出性能高的先进复合材料。第一次世界大战前，用胶黏剂将云母片热压制成人造云母板。20 世纪初市场上有虫胶漆与纸复合制成的层压板出售。但真正的纤维增强复合塑料工业，是在用合成树脂替代天然树脂、用人造纤维替代天然纤维后才发展起来的。公元前，腓尼基人在火山口附近发现了纤维。1841 年，英国人制成了玻璃纤维拉丝机。第一次世界大战期间，德国以拖动脚踏车轮拉拔玻璃纤维丝。20 世纪 30 年代，美国发明了用铂坩埚生产连续玻璃纤维技术，从此在世界范围内开始大规模生产玻璃纤维，以其增强塑料制成复合材料。至 20 世纪 60 年代，在技术上趋于成熟，在许多领域开始取代金属材料。

(1) 常用树脂基复合材料的发展历史

1910 年制成酚醛树脂复合材料；1928 年制成脲醛树脂复合材料；1938 年制成三聚氰胺-甲醛树脂复合材料；1942 年制成聚酯树脂复合材料；1946 年制成环氧树脂复合材料、玻璃纤维增强尼龙；1951 年制成玻璃纤维增强聚苯乙烯；1956 年制成酚醛石棉耐磨复合材料。先进复合材料随着航空航天技术的发展，对结构材料要求比强度、比模量、韧性、耐热性、抗环境能力和加工性能都要好。

(2) 先进复合材料的发展历史

针对各种不同需求,出现了高性能树脂基先进复合材料,在性能上区别于一般低性能常用树脂基复合材料,之后又陆续出现金属基和陶瓷基先进复合材料。

① 树脂基先进复合材料。几种树脂基先进复合材料的制成年份依次排列如下:1964年制成碳纤维增强树脂基复合材料;1965年制成硼纤维增强树脂基复合材料;1969年制成碳/玻璃混杂纤维增强树脂基复合材料;1970年制成碳/芳纶混杂纤维增强树脂基复合材料。

② 金属基先进复合材料。20世纪70年代末期发展出来用高强度、高模量的耐热纤维与金属复合,特别是与轻金属复合而成金属基复合材料,克服了树脂基复合材料耐热性差和不导电、导热性低等不足。金属基复合材料由于金属基体的优良导电性和导热性,加上纤维增强体,不仅提高了材料的强度和模量,而且降低了密度。此外,这种材料还具有耐疲劳、耐磨耗、高阻尼、不吸潮、不放气和低膨胀系数等特点,已经广泛应用于航空航天等尖端技术领域作为理想的结构材料。金属基复合材料有纤维增强和颗粒增强两大类。纤维(包括连续、短纤维和晶须)增强金属基复合材料的综合性能较好,但工艺复杂、成本高。颗粒增强金属基复合材料可以用于一般的金属加工工艺和设备生产各种型材,已经规模化生产。

③ 碳/碳复合材料。20世纪60年代用碳纤维或石墨纤维作为增强体,用碳化或石墨化的树脂浸渍,或用化学气相沉积碳作为基体,制成碳/碳复合材料。20世纪70年代初,主要用于制造导弹尖锥、发动机喷管以及航天飞机机翼的前缘部件等。这种材料能在高温(可达2700℃)下仍保持其强度、模量、耐烧蚀性,而且现在正在设法拓宽民用领域。

④ 陶瓷基先进复合材料。20世纪80年代开始逐渐发展陶瓷基复合材料,采用纤维补强陶瓷基体以提高韧性。主要目标是希望用以制造燃气涡轮叶片和其他耐热部件,但仍在发展中。

1.1.2 国内复合材料的发展概况

复合材料发展至今,在航空航天、军事、汽车、船舶和建筑等领域所占的比重越来越大。我国复合材料发展潜力很大,但需处理好以下热点问题。

1. 复合材料创新

复合材料创新包括复合材料的技术发展、复合材料的工艺发展、复合材料的产品发展和复合材料的应用,具体要抓住树脂基体发展创新、增强体发展创新、生产工艺发展创新和产品应用创新。到2007年,亚洲占世界复合材料总销售量比例从18%增加到25%,目前亚洲人均消费量仅0.29kg,而美国为6.8kg,亚洲地区具有极大的增长潜力。

2. 聚丙烯腈基纤维发展

我国碳纤维工业发展缓慢,从碳纤维发展回顾和特点、国内碳纤维发展过程、中国聚丙烯腈碳纤维市场概况和特点、"十五""十一五"科技攻关情况看,发展聚丙烯腈碳纤维既有需要也有可能。

3. 玻璃纤维结构调整

我国玻璃纤维70%以上用于增强基材，在国际市场上具有成本优势，但在品种规模和质量上与先进国家尚有差距，必须改进和发展纱类、机织物、无纺毡、编织物、缝编织物、复合毡，推进玻璃纤维和玻璃钢两行业密切合作，促进玻璃纤维增强材料的新发展。

4. 开发能源、交通用复合材料

一是清洁、可再生能源用复合材料，包括风力发电用复合材料，烟气脱硫装置用复合材料，输变电设备用复合材料和天然气、氢气高压容器；二是汽车、城市轨道交通用复合材料，包括汽车车身、构架和车外覆盖物，轨道交通车体、车门、座椅、电缆槽、电缆架、格栅、电器箱等；三是民航客机用复合材料，主要为碳纤维复合材料。热塑性复合材料约占10%，主要产品为机翼部件、垂直尾翼、机头罩等。我国在2010—2030年间需要新增支线飞机600余架，将形成民航客机的大产业，复合材料可建成新产业与之相配套；四是船艇用复合材料，主要为游艇和渔船，游艇作为高级娱乐耐用消费品在欧美有很大市场，由于我国鱼类资源的减少，渔船虽发展缓慢，但复合材料特有的优点仍有发展的空间。

5. 纤维复合材料基础设施应用

国内外复合材料在桥梁、房屋、道路中的基础应用广泛，与传统材料相比有很多优点，特别是在桥梁上和在房屋补强、隧道工程以及大型储仓修补和加固中市场广阔。

6. 复合材料综合处理与再生

重点发展物理回收（粉碎回收）、化学回收（热裂解）和能量回收，加强技术路线、综合处理技术研究，示范生产线建设，再生利用研究，大力拓展再生利用材料在工业中的应用、在拉挤制品中的应用以及在SMC/BMC（片状模压材料/团状模压材料）制品中的应用和典型产品中的应用。

21世纪的高性能树脂基复合材料技术是赋予复合材料自修复性、自分解性、自诊断性、自制功能等为一体的智能化材料。以开发高刚度、高强度、高湿热环境下使用的复合材料为基本目的，构筑材料、成型加工、设计、检查一体化的材料系统。组织系统上将是联盟和集团化，这将更充分地利用各方面的资源（技术资源、物质资源），紧密联系各方面的优势，以推动复合材料工业的进一步发展。

1.2 复合材料的定义和特点

1.2.1 复合材料的定义

根据国际标准化组织（International Organization for Standardization，ISO）为复合材料所下的定义，复合材料是由两种或两种以上物理、化学性质不同的物质组合而成的一种多相固体的材料。复合材料的组分虽然保持其相对独立的性能，却不是其组分材料性能的简单加和，而是有着重要的改进。在复合材料中，通常有一相为连续相，称为基体；另一相为分散相，称为增强材料。分散相是以独立的形态分布在整个连续相中的，两相之间存在相界面。分散相可以是增强纤维，也可以是颗粒状或弥散的填料。

F. L. Matthews 和 R. D. Rawlings 认为复合材料是两个或两个以上组元或相组成的混合物，并应满足下面三个条件：①组元含量大于5%；②复合材料的性能显著不同于各组元的性能；③通过各种方法混合而成。

《材料科学技术百科全书》中将复合材料定义如下。

复合材料是由有机高分子、无机非金属或金属等几类不同材料通过复合工艺组合而成的新型材料。它与一般材料的简单混合有本质区别，既保留原组成材料的重要特色，又通过复合效应获得原组分所不具备的性能，可以通过材料设计使原组分的性能相互补充并彼此关联，从而获得更优越的性能。复合材料将由宏观复合形式向微观（细观）复合形式发展，包括原位生长复合材料、纳米复合材料和分子复合材料等。

从上述的定义中可以得出，复合材料可以是一个连续的基体相与一个连续分散相的复合，也可以是两个或者多个的连续相与一个或多个分散相在连续相中的复合，复合后的产物为固体时才称为复合材料，若复合产物为液体或气体时就不能称为复合材料。复合材料既可以保持原材料的某些特点，又能发挥组合后的新特性，它可以根据需要进行设计，从而最合理地达到使用时所要求的性能。

由于复合材料各组分之间"取长补短""协同作用"，极大地弥补了单一材料的缺点，能产生单一材料所不具备的新性能，复合材料的出现和发展，是现代科学技术不断进步的结果，也是材料设计方面的一个突破。复合材料综合了各种材料如纤维、树脂、橡胶、金属、陶瓷等的优点，按需要设计、复合成为综合性能优异的新型材料。

1.2.2 复合材料的特点

根据复合材料的定义，复合材料由多相材料复合而成，其特点如下。

(1) 可综合发挥各组成材料的优点，使复合后的材料具有多种性能，具有天然材料所没有的性能。例如，玻璃纤维增强环氧树脂基复合材料，既具有类似钢材的强度，又具有塑料的介电性能和耐腐蚀性能。

(2) 可按对材料性能的需要进行材料的设计和制造。例如，针对方向性材料的强度的设计，针对某种介质耐腐蚀性能的设计等。性能的可设计性是复合材料的最大特点。影响复合材料性能的因素很多，主要取决于增强材料的性能、含量及分布状况，基体材料的性能、含量以及它们之间的界面结合情况，作为产品还与成型工艺和结构设计有关。因此，不论哪一类复合材料，就是同一类复合材料性能也不是一个定值。

(3) 可制成所需的任意形状的产品，可避免多次加工工序。例如，可避免金属产品的铸模、切削、磨光等工序。

【复合材料的应用】

1.2.3 复合材料的应用

由于复合材料具有质量轻、强度高、加工成型方便、弹性优良、耐化学腐蚀性和耐候性好等特点，已逐步取代木材、纯金属及合金，广泛地应用于航空航天、汽车、电子电气、建筑、健身器材等领域，在近几年更是得到了飞速发展。

随着科技的发展，树脂与玻璃纤维技术不断进步，生产厂家的制造能力普遍提高，使得玻璃纤维增强复合材料的价格成本已被许多行业接受，但玻璃纤维增强复合材料的强度尚不足以与金属匹敌。因此，碳纤维、硼纤维等增强复合材料相继问世，使高分子复合材料家族更加完备，已经成为众多产业的必备材料。目前全世界复合材料的年产量已达550多万吨，年产值达1300亿美元以上，若将欧美的军事、航空航天的高价值产品计入，其产值将更为惊人。从全球范围看，世界复合材料的生产主要集中在欧美和东亚地区。近几年欧美复合材料产需均持续增长，而亚洲的日本则因经济不景气，发展较为缓慢，但中国尤其是中国内地市场占有率约为32%，年产量约$200×10^4$t（万吨）。与此同时，美国复合材料在20世纪90年代年均增长率约为美国GDP增长率的两倍，达到4%~6%。2000年，美国复合材料的年产量达$170×10^4$t左右。特别是汽车用复合材料的迅速增加使得美国汽车在全球市场上重新崛起。亚洲近几年复合材料的发展情况与政治经济的整体变化密切相关，各国的占有率变化很大。总体而言，亚洲的复合材料仍将增长，2000年的总产量约为$145×10^4$t，2005年总产量达$180×10^4$t。

从应用上看，复合材料在美国和欧洲主要用于航空航天、汽车等行业。2000年美国汽车零件的复合材料用量达$14.8×10^4$t，欧洲汽车复合材料的用量到2003年达到$10.5×10^4$t。而在日本，复合材料主要用于住宅建设，如卫浴设备等，此类产品在2000年达$7.5×10^4$t，汽车等领域的用量仅为$2.4×10^4$t。不过从全球范围看，汽车工业是复合材料最大的用户，今后发展潜力仍十分巨大，目前还有许多新技术正在开发中。例如，为降低发动机噪声，增加乘用车的舒适性，正着力开发两层冷轧板间黏附热塑性树脂的减振钢板；为满足发动机向高速、高压、高负荷方向的发展要求，发动机活塞、连杆、轴瓦已开始应用金属基复合材料。为满足汽车轻量化要求，必将会有越来越多的新型复合材料被应用到汽车制造业中。图1-1为汽车用复合材料零部件用量的变化情况，图1-2为2012年汽车制造过程中各种材料的使用情况。

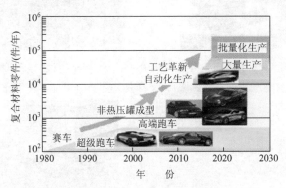

图1-1 汽车用复合材料零部件用量的变化

与此同时，随着近年来人们对环保问题的日益重视，高分子复合材料取代木材方面的应用也得到了进一步的推广。例如，用植物纤维与废塑料加工而成的复合材料，在北美已被大量用作托盘和包装箱，用以替代木制产品；而可降解复合材料也成为国内外开发研究的重点。

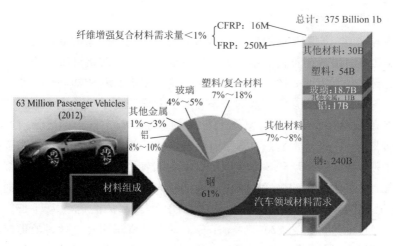

图1-2 2012年汽车材料用量

另外,纳米技术逐渐引起人们的关注,纳米复合材料的研究开发也成为新的热点。如纳米改性塑料,可使塑料的聚集态及结晶态发生改变,从而使之具有新的性能,在克服传统材料刚性和韧性难以相容的矛盾的同时,大大提高了材料的综合性能。

图1-3所示为三维立体纺织复合材料及其制件;图1-4所示为Leap-X发动机风扇叶片及其机匣复合材料;图1-5所示为纳米复合材料钓具;图1-6所示为复合材料电缆管。

图1-3 三维立体纺织复合材料及其制件

图1-4 Leap-X发动机风扇叶片及其机匣复合材料

图1-5 纳米复合材料钓具

图1-6 复合材料电缆管

1.3 复合材料的分类

随着材料品种不断增加，人们为了更好地研究和使用材料，需要对材料进行分类。材料的分类，历史上有许多种方法。按材料的化学性质分类，可分为金属材料、非金属材料。按物理性质分类，可分为绝热材料、磁性材料、透光材料、半导体材料、导电材料等。按用途分类，可分为航空材料、电工材料、建筑材料、包装材料等。

复合材料可根据增强材料与基体的名称来命名。将增强材料的名称放在前面，基体材料的名称放在后面，再加上"复合材料"。例如，玻璃纤维和环氧树脂构成的复合材料称为"玻璃纤维环氧树脂复合材料"。为书写简便，也可仅写增强材料和基体材料的缩写名称，中间加一条斜线隔开，后面再加"复合材料"。如上述玻璃纤维和环氧树脂构成的复合材料，也可写作"玻璃/环氧复合材料"。有时为突出增强材料和基体材料，视强调的组分不同，也可简称为"玻璃纤维复合材料"或"环氧树脂复合材料"。碳纤维和金属基体结构的复合材料称为"金属基复合材料"，也可以写为"碳/金属复合材料"。碳纤维构成的复合材料称为"碳纤维复合材料"。国外还常用英文编号来表示，如 MMC（Metal Matrix Composite）表示金属基复合材料，FRP（Fiber Reinforced Plastics）表示纤维增强塑料，而玻璃纤维/环氧表示为 GF/Epoxy 或 G/EP(G‑Ep)。

复合材料的分类方法也很多，常见的分类方法有以下几种。

1. 按增强材料形态分类

复合材料按增强材料形态分类，可以分为以下几种。

（1）连续纤维复合材料。作为分散相的纤维，每根纤维的两个端点都位于复合材料边界处。

（2）短纤维复合材料。是指短纤维规则地分散在基体材料中制成的复合材料。

（3）粒状填料复合材料。是指微小粒状增强材料分布在基体中制成复合材料。

（4）编织复合材料。是指以平面二维或三维编织物为增强材料与基体复合而成的复合材料。

2. 按增强纤维种类分类

复合材料按增强纤维种类分类，可分为以下几种：玻璃纤维复合材料；碳纤维复合材料；有机纤维（芳香族聚酰胺纤维、芳香族聚酯纤维、高强度聚烯烃纤维等）复合材料；金属纤维（如钨丝、不锈钢丝等）复合材料；陶瓷纤维（如氧化铝纤维、碳化硅纤维等）复合材料。此外，如果用两种或两种以上纤维增强同一基体制成的复合材料称为混杂复合材料（Hybrid Composite Materials）。混杂复合材料可以看作两种或多种单一纤维复合材料的相互复合，即复合材料的"复合材料"。

3. 按基体材料分类

复合材料按基体材料分类，可以分为以下几种。

(1) 聚合物基复合材料。是指以有机聚合物（主要为热固性树脂、热塑性树脂及橡胶等）为基体制成的复合材料。

(2) 金属基复合材料。是指以金属为基体制成的复合材料，如铝基复合材料、钛基复合材料等。

(3) 无机非金属复合材料。是指以陶瓷材料（也包括玻璃和水泥）为基体制成的复合材料。

4. 按材料作用分类

复合材料按材料作用分类，可以分为结构复合材料和功能复合材料。它们分别是指用于制造受力（承力和次承力）结构件的复合材料和具有各种特殊性能（如阻尼、导电、导磁、摩擦、屏蔽等）的复合材料。目前结构复合材料占绝大多数，而功能复合材料具有广阔的发展前景。结构复合材料按不同基体材料和增强体材料分类如图1-7及图1-8所示。

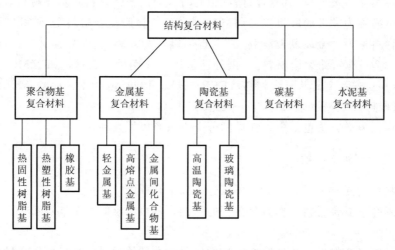

图1-7 结构复合材料按不同基体分类

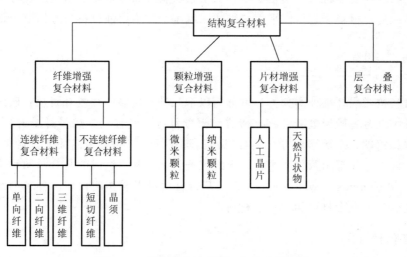

图1-8 结构复合材料按不同增强体分类

5. 同质异质复合材料

增强材料和基体材料属于同种物质的复合材料为同质复合材料，如碳/碳复合材料。异质复合材料如前面提及的复合材料多属此类。

1.4 复合材料的基本性能

1. 比强度、比模量高

强度和弹性模量与密度的比值称为比强度和比模量，它们是度量材料承载能力的一种重要指标。表1-1列出了常用材料和纤维复合材料的比强度和比模量。

【复合材料的基本性能】

表1-1 常用材料和纤维复合材料的比强度和比模量

材料	密度 /(g/cm^3)	抗拉强度 /(10^8 MPa)	弹性模量 /(10^8 MPa)	比强度 /(10^6 m^2/s^2)	比模量 /(10^8 m^2/s^2)
钢	7.8	1.03	2.10	0.13	0.27
铝	2.8	0.47	0.75	0.17	0.26
钛	4.5	0.96	1.14	0.21	0.25
玻璃钢	2.0	1.06	0.40	0.53	0.21
高强度碳纤维/环氧复合材料	1.45	1.5	1.40	1.03	0.21
高模量石墨纤维/环氧复合材料	1.6	1.07	2.40	0.67	1.50
芳纶/环氧复合材料	1.4	1.40	0.80	1.00	0.57
硼纤维/环氧复合材料	2.1	1.38	2.10	0.66	1.00
硼纤维/铝复合材料	2.65	1.00	2.00	0.38	0.75

2. 抗疲劳性能好

疲劳破坏是材料在疲劳载荷作用下，由于裂纹的形成和扩展而形成的低应力破坏。大多数金属材料的疲劳破坏极限是其拉伸强度的40%～50%，而碳纤维树脂复合材料则达70%～80%，详见图1-9。此外，纤维增强复合材料抗声振疲劳性能也很好。

3. 减振性能良好

结构的自振频率除与结构本身形状有关外，还与材料的比模量的平方根成正比。复合材料具有高的比模量，因此也具有高的自振频率，高的自振频率不易引起工作时的共振，这样就可避免因共振而产生的早期破坏。同时，复合材料中纤维及基体间的界面具有吸振能力，因此它的振动阻尼很高。对相同形状和尺寸的梁进行共振试验，即轻合金梁和碳纤维复合材料的梁同时起振，前者需要 9s 才能停止振动；而复合材料梁只需要 2.5s 就静止了。图 1-10 所示为这两种材料的振动衰减特性。

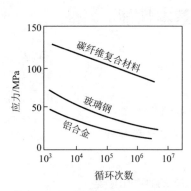

图 1-9　三种材料的抗疲劳性能

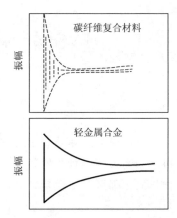

图 1-10　两种材料的振动衰减特性

4. 破损安全性好

纤维增强复合材料基体中有大量独立纤维，这类材料的构件一旦超载并发生少量纤维的断裂时，载荷会重新迅速分配在未破坏的纤维上，从而使这类结构件不至于在极短时间内有整体破坏的危险。

5. 耐热性能好

树脂基复合材料的耐热性一般都要比它相应的塑料有明显的提高。金属基复合材料在这方面更显示出它的优异性。例如，一般铝合金在 400℃时，其弹性模量就会大幅度下降，几乎接近零，强度也显著下降。而用碳或硼纤维增强的铝，在这个温度下，其强度或弹性模量基本不变或稍有下降。

6. 成型工艺简单灵活及材料、结构的可设计性

复合材料可采用模具一次成型来制造各种构件，从而减少了零部件的数目及接头等紧固件，并可节省原材料及工时。更为突出的是，复合材料可以通过纤维种类和各种不同方向铺设的设计，使增强材料有效发挥作用，把潜在的效应集中到必要的方向。通过调整复合材料各组分的成分、结构及分配方式，既能使构件在不同方向承受不同的作用力，又可制得兼有刚性和韧性、弹性和塑性等矛盾性能的复合材料及多功能制品。

上面所提及的有关复合材料的一些主要特性，概括起来有两个方面：一方面强调了复合效果，说明了复合材料在性能和成型上具有其组分所没有的各种长处；另一方面突出了复合材料的可设计性，这有利于最大地发挥材料的作用，减少材料的用量，满足特殊性能的要求，因而复合材料在今后的发展上前途无限。

因为复合材料具有上述特性，所以近代复合材料的发展历史虽然不长，但已成为一种引人注目的新型材料，在国民经济及尖端科学技术上有广阔的应用前景。

1.5 复合材料的结构设计基础

近几十年,复合材料技术的发展为科学家和工程师开辟了新的领域。复合材料应用范围迅速扩大,特别是先进复合材料在高性能结构上的应用,大大促进了复合材料力学、复合材料结构力学的迅速发展,进一步增强了复合材料结构设计的能力。

【复合材料的结构设计基础】

复合材料本身是非匀质、各向异性的,在弹性力学基础上得到迅速发展。近几十年复合材料的应用,实现了先进复合材料在高性能结构上的设计,从进行次承力构件设计,到现在按照复合材料特点进行主承力构件设计。

复合材料不仅是材料,更确切地说是结构,可以用纤维增强的层合结构为例来说明这个问题,从固体力学角度,不妨将其分为三个"结构层次":一次结构,二次结构,三次结构。"一次结构"是指由基体和增强材料复合而成的单层材料,其力学性能决定于组分材料的力学性能、相几何(各相材料的形状、分布、含量和界面区的性能);"二次结构"是指单层材料层合而成的层合体,其力学性能决定于单层材料的力学性能和铺层几何(各单层的厚度、铺设方向、铺层序列);"三次结构"是指通常所说的工程结构或产品结构,其力学性能决定于层合体的力学性能和几何结构。

复合材料力学是复合材料结构力学的基础,也是复合材料结构设计的基础。复合材料力学主要是在单层板和层合板这两个结构层次上展开的,研究内容可以分为微观力学和宏观力学两大部分。微观力学主要研究纤维、基体组分性能与单层板性能的关系,宏观力学主要研究层合板的刚度与强度分析、湿环境的影响等。

将单层复合材料作为结构来分析,必须承认材料的多样性,以研究各相材料之间的相互作用。这种研究方法称为"微观力学"方法。犹如在显微镜视野中分辨出了材料的微观非均质,运用非均质力学的手段尽可能准确地描述各相中的真实应力场和应变场,以预测复合材料的宏观力学性能。微观力学总是在某些假定的基础上建立起分析模型以模拟复合材料,所以微观力学的分析结果必须用宏观试验来验证。微观力学因不能顾及不胜枚举的各种影响因素而总带有一定的局限性。但是,微观力学毕竟是在一次结构这个相对微观的层次上来分析复合材料的,所以它在解释机理、发掘材料本质,特别是在提出改进和正确使用复合材料的方案方面是十分重要的。

在研究单层复合材料时,也可以假定材料是均匀的,而将各相材料的影响仅仅作为复合材料的平均表现性能来考虑,这种研究方法称为"宏观力学"方法。在宏观力学中,应力、应变均定义在宏观的尺度上,亦即定义在比各相特征尺寸大得多的尺度上。这样定义应力和应变称为宏观应力和宏观应变,它们既不是基体的应力和应变,也不是增强相的应力和应变,而是在宏观尺度上的某种平均值。相应地,材料的各类参数也定义在宏观尺度上,这样定义的材料参数称为"表观参数"。在宏观力学中,各类材料参数只能靠宏观力学始终以试验结果作为根据,所以它的实用性和可靠性反而比微观力学强得多。因此,不能说宏观力学更好,或者说微观力学更好,事实上,它们是互相补充的。

将层合复合材料作为结构来分析，必须承认材料在板厚度方向的非匀质性，亦即承认层合板是由若干单层板所构成这一事实，由此发展起来的理论称为"层合理论"。该理论以单层复合材料的宏观性能作为根据，以非匀质力学的手段来研究层合复合材料的性能，它属于宏观力学的范围。

工程结构的分析属于复合材料结构力学的范畴。目前复合材料结构力学以纤维增强复合材料层压结构为研究对象。复合材料结构力学的主要研究内容包括层合板和层合壳结构的弯曲、屈曲与振动问题，以及耐久性、损伤容限、气动弹性剪裁、安全系数与许用值、验证试验和计算方法等问题。

复合材料设计也可分为三个层次：单层材料设计、铺层设计、结构设计。①单层材料设计包括正确地选择增强材料、基体材料及其配比，该层次决定单层板的性能；②铺层设计包括对铺层材料的铺层方案做出合理的安排，该层次决定层合板的性能；③结构设计则是最后确定产品结构的形状和尺寸。这三个设计层次互为前提、互相影响、互相依赖。因此，复合材料及其结构的设计打破了材料研究和结构研究的传统界限。设计人员必须把材料性能和结构性能一起考虑，换言之，材料设计和结构设计必须同时进行，并将它们统一在同一个设计方案中。

从分析的角度而言，复合材料与常用的均质材料的差别主要是它的各向异性和非匀质性。这种差别是属于物理方面的。我们知道，各向同性材料，独立的弹性常数只有两个：弹性模量 E、泊松比 γ（或剪切模量 G）。对于各向异性材料，独立的弹性常数只有两个：纤维方向（纵向 L）和垂直纤维方向（横向 T）。在 $L-T$ 坐标系中，单层板独立的弹性系数有四个：纵向模量 E_L、横向模量 E_T、纵向泊松比（或横向泊松比）、纵横向剪切模量 G_{LT}，表现出明显的正交异性的特点。在材料的非主方向的坐标系中，正应力会引起剪应变，剪应变力会引起正应变，这种现象称为交叉效应，这是各向同性材料所没有的。对于各向同性材料，强度与方向无关，但是对于各向异性材料，强度随方向不同而异。上述单层板在其面内就有五个基本强度：纵向拉伸强度、纵向压缩强度、横向拉伸强度、横向压缩强度、纵向剪切强度。其他物理-力学性能也是各向异性的，比如热性能，单层板的纵向膨胀系数 α_L 和横向膨胀系数 α_T 也是不同的。总之，单层板的各类参数都是方向的函数。在复合材料力学中，各类参数的坐标转换关系经常会遇到，因此，熟悉它们并能熟练地运用它们十分重要。层合板厚度方向的非匀质会造成层合结构的一个特殊的现象：耦合效应。所谓耦合效应，是指在小变形情况下，面内力会引起平面变形，内力矩也会引起面内变形。如何避免或者利用耦合效应，也是一个重要的课题。复合材料结构设计是以复合材料力学分析理论和结构分析理论为基础的，三者有机统一，不可分割。

复习思考题

1. 复合材料从诞生至今是如何发展的？
2. 复合材料是如何分类的？
3. 复合材料的类型有哪些？其性能特点如何？

拓展阅读

当美国空军研究试验室（AFRL）订购先进复合材料货运飞机时，他们希望验证一种由复合制造工艺制成的全尺寸、有保证的飞机。

订购这种飞机的主要目的是验证应用这些先进技术能否降低飞机的结构质量和未来军用运输机的价格。该项目是美国空军研究试验室进行的一项10年研究和发展投资，称为"复合可购性行动"。

2007年10月，美国空军研究试验室与洛克希德·马丁（Lockheed Marti）和极光飞行科学公司（Aurora Flight Sciences）分别签署了价值为4910万美元和4685万美元的第二阶段ACCA飞行试验合同，该合同还包括连带建造一架"X-飞机"，并用于同样的飞行试验，合同还包括极光飞行科学公司的199万美元的设计费用。

"臭鼬"工厂（Skunk Works）被指定制造ACCA，该项目是洛克希德·马丁公司最先进的发展项目，目标是利用复合材料制造更轻更耐用的运输机。

1. ACCA首飞成功

2009年6月2日，ACCA在加州棕榈谷（Palmdale）的美国空军42号工厂进行了首次飞行试验。为了评估技术的可靠性，在试验飞机上装有600多个传感器和过载指示器，用于测量结构压力。图1-11为ACCA准备起飞的现场照片。

【ACCA首飞成功】

图1-11　ACCA准备起飞

在飞机爬升到10000ft，即3048m（1ft＝30.48cm）后，两名飞行员对飞机进行了一系列空速、稳定性和控制试验，在不同速度、高度、姿态观察ACCA的性能，整个试飞过程持续了约87min。

德莱顿飞行研究中心（DFRC）和AVCRAFT公司对美国空军研究试验室的这一试验项目进行了援助。德莱顿飞行研究中心简化了试验准备，AVCRAFT公司作为道尼尔（Dornier）-328J飞机的维护者，负责飞机的子系统。

ACCA原计划于2008年底或者2009年初进行试飞，但在制造复合机身时，由于下机身蒙皮结合不够，不得不重新制造第二个机身，导致了试飞延期。

2. ACCA的设计

ACCA是对道尼尔-328J的升级改造，其主要变化包括用先进复合材料替换机身后部的机组位置和垂尾。之所以选择上单翼的道尼尔飞机,主要是道尼尔飞机可以以较低的代价完成试验任务。

升级后,飞机的机身宽度从2.41m增加到3.175m,长度为16.8m,接近机鼻段的直径为2.74m。就像一艘独木舟,几乎整个机身的上部和下部与圆形的框架相连,同时,增大了飞机的货舱门和装卸板,对机身的扩大和加强是为了安装两个军标的463L货盘。这一货盘系统不能用传统的钩扣,如铆钉等,从而使得复合结构极具气动性。

ACCA采用了先进的标准和复合材料,包括采用超热压成型工艺生产的复合材料。热压成型工艺造价昂贵,该技术是利用热量和高压的综合作用,在一个有房间那么大的熔炉内,ACCA巨大的复合机身段在热量和高压的作用下成型、加工并黏合在一起,减少了组件数量。组件数量的减少进一步减少了设计和生产的难度。

道尼尔-328J原本有3000个金属部件和30000个机械扣件,ACCA减少了近90%,只用了300个金属部件和不到4000个机械扣件。飞机的垂尾上装有整体硬性蒙皮。

原先道尼尔-328J的机身由铝合金制成。ACCA机身和尾部采用先进的复合材料,不但可使飞机减轻质量和降低造价,还可使飞机更耐用和易于维护。此外,由于使用的部件减少,腐蚀和金属老化问题将明显减少,使飞机更容易维修。飞机质量的减轻同时意味着可以增加运力。

资料来源:http://lt.cjdby.net

第 2 章
复合材料基体与增强材料

教学要求

教 学 目 标	知 识 要 点
掌握金属基体的分类、性能、应用	金属基体分类、性能、应用
掌握聚合物基体的分类、性能、应用	聚合物基体分类、性能、应用
了解聚合物基体具体类型	不饱和聚酯树脂、环氧树脂、酚醛树脂、聚酰胺、聚碳酸酯、聚砜
了解陶瓷基体分类、性能、应用	玻璃、玻璃陶瓷、氧化物陶瓷、非氧化物陶瓷
了解无机胶凝材料基体分类、性能、应用	水泥、氯氧镁水泥
掌握无机纤维分类、应用,了解具体无机纤维材料	玻璃纤维、碳纤维、氧化铝纤维、碳化硅纤维、硼纤维
掌握有机纤维分类、应用,了解具体有机纤维材料	芳纶纤维、聚乙烯纤维、尼龙纤维、麻纤维
掌握晶须、颗粒增强材料分类、应用,了解具体无机纤维、颗粒增强材料	晶须、颗粒增强材料

引例 1

在一个胶黏剂工业展览会的入口处,人头攒动,参观者把一个展台围得水泄不通,并时不时发出惊呼声和赞叹声。只见一条大钢索串联着两片相叠的铝片,下面一片铝片上竟悬挂着一辆轿车。展板上写明:这是用环氧树脂胶黏剂黏结的铝片,其黏结面积为 2.25 cm^2,只有成年人大拇指指甲大小。这种神奇的树脂的这种特性使得它广泛应用于各个领域。

资料来源:奚同庚. 无所不在的材料. 上海:上海科学技术文献出版社,2011.

> 引例 2

【碳纤维】

碳/碳复合材料是以碳纤维为增强相的碳基复合材料。该材料具有密度小，优良的热学、力学、化学和摩擦性能，在冶金、化工、原子能、半导体和汽车领域都有很大的市场需求。有数据表明，飞行器的速度越高，减少质量所带来的成本节约就越显著，飞机性能的三分之二靠材料来实现。对于人造卫星、战略导弹、火箭及航天飞机等宇宙飞行器，质量的减轻更为重要。比如卫星的质量每减轻 1kg，运载它的火箭就可以减轻几百千克。

资料来源：奚同庚. 无所不在的材料. 上海：上海科学技术文献出版社，2011.

> 引例 3

【碳化硅】

在 18 世纪时，人们在合成人造金刚钻过程中，企图用硅做催化剂，促进金刚钻的合成，偶然发现一种新的物质——碳化硅。碳化硅因为内部有非常特殊的结构，如积木一样的硅碳四面体单晶胞通过不同的堆积方式而成为各种多型体，由于堆积的方式不同，至今已发现有几百种晶体结构的碳化硅多型体，但密度却基本相同，约为 $3.21g/cm^3$，因此碳化硅是一种较轻的化合物，具有优良的力学、化学、热学、电学性能，而且还具有耐辐射和吸波等特性。

资料来源：奚同庚. 无所不在的材料. 上海：上海科学技术文献出版社，2011.

2.1 复合材料的基体材料

2.1.1 金属基体

复合材料的原材料包括基体材料和增强材料。基体材料主要包括以下三类：金属基体材料、聚合物基体材料和陶瓷基体材料。

金属基复合材料是一门相对较新的材料学科，涉及材料表面、界面、相变、凝固、塑性形变、断裂力学等，仅有 40 余年的发展历史。金属基复合材料的发展与现代科学技术和高技术产业的发展密切相关，特别是航天、航空、电子、汽车以及先进武器系统的迅速发展，对材料提出更高的性能要求。除了要求材料具有一些特殊的性能外，还要具有优良的综合性能，有力地促进了先进复合材料的迅速发展。如航天装置越来越大，结构材料的结构效率变得更为重要。宇航构件的结构强度、刚度随构件线性尺寸的平方增加，而构件的质量随线性尺寸的立方增加，为了保持构件的强度和刚度，就必须采用高比强度、高比刚度和轻质高性能结构材料。又如电子技术的迅速发展，大规模集成电路迅速发展的关键，需要膨胀系数小、导电系数高的电子封装材料。

单一的金属、陶瓷、高分子等工程材料均难以满足迅速发展的性能要求。为了克服单一材料性能上的局限性，充分发挥各种材料特性，弥补其不足，人们已经越来越多地根据零件、构件的功能要求和工况条件，设计和选择两种或两种以上化学、物理性能不同的材料按一定的方式、比例、分布结合成复合材料，充分发挥各组成材料的优良特性，弥补其短处，使复合材料具有单一材料所无法达到的特殊和综合性能，以满足各种特殊和综合性能需求。如用高强度、高模量的硼纤维、碳（石墨）纤维增强铝基、镁基复合材料，既保留了铝镁的轻质、导热性、导电性，又充分发挥增强纤维的高强度、高模量，获得高比强度、高比模量、导热、导电、热膨胀系数小的金属基复合材料。这种材料在航空飞机和人造卫星构件上的应用，取得巨大成功。B/Al复合材料管材用于航天飞机主舱框架，可降低44%的质量。Gr/Mg（超高模量石墨纤维增强镁基）复合材料用于人造卫星抛物面无线骨架，使无线效率提高53.9%。基体材料是金属基复合材料的主要组成，起着固结增强物、传递和承受各种载荷（力、热、电）的作用。

基体在复合材料中占很大的体积分数。在连续纤维增强金属基复合材料中基体占体积的50%～70%，一般占60%左右最佳，颗粒增强金属基复合材料中根据不同的性能要求，基体含量在40%～90%。多数颗粒增强金属基复合材料的基体占80%～90%。金属基体的选择对复合材料的性能有决定性的作用，金属基体的密度、强度、塑性、导热性、导电性、耐热性、抗腐蚀性等均将影响复合材料的比强度、比刚度、耐高温、导热性、导电性等性能。因此在设计和制备复合材料时，需要充分了解和考虑金属基体的化学、物理特性以及与增强物的相容性等，以便正确合理地选择基体材料和制备方法。

1. 选择基体的原则

金属与合金的品种繁多，目前用作金属基复合材料的金属有铝及铝合金、镁合金、钛合金、镍合金、铜与铜合金、锌合金、钛铝、镍铝金属间化合物等。基体材料成分的正确选择对能否充分组合和发挥基体金属和增强体性能特点，获得预期的优异综合性能以满足使用要求十分重要。在选择基体金属时应考虑以下几个方面。

（1）金属基复合材料使用要求

金属基复合材料构（零）件的使用性能要求是选择金属基复合材料重要的依据。在宇航、航空、先进武器、电子、汽车技术等不同的领域和不同的工况条件，对复合材料构件的性能要求有很大的差异。在航空航天技术中高比强度、比模量、尺寸稳定是最重要的性能要求。作为飞行器和卫星构架宜选用密度小的轻质金属合金——镁合金和铝合金作为基体，与高强度、高模量的石墨纤维、硼纤维等组成石墨/镁、硼/铝复合材料，可用于航天飞行器、卫星的构件。

高性能的发动机则要求复合材料不仅有高比强度、高比模量性能，还要求复合材料具有优良的耐高温性能，能在高温、氧化性气氛中正常工作。一般的铝、镁合金就不宜选用，而需选择钛基合金、镍基合金以及金属间化合物作基体材料。如碳化硅/钛、钨丝/镍基超合金复合材料可用于喷气发动机叶片、转轴等重要的零件。

工业集成电路需要高导热、低膨胀的金属基复合材料作为散热原件和基板。选用具有高热导率的银、铜、铝等金属为基体与高导热性、低膨胀系数的超高模量石墨纤维、金刚石纤维、碳化硅颗粒复合而成的具有低热膨胀系数和高热导率、高比强度、比模量等性能的金属基复合材料，可能成为解决集成电子器件的关键材料。

（2）金属基复合材料组成特点

由于增强体的性质和增强机理的不同，在基体材料的选择原则上有很大的差别，对于连续纤维增强金属基复合材料，纤维是主要的承载物体，纤维本身具有很高的强度和模量，如高强度碳纤维最高强度已达到 7000MPa，超高模量石墨纤维的弹性模量已达到 9000GPa，而金属基体的强度和模量远远低于纤维的性能，因此，在连续纤维增强金属基复合材料中基体的主要作用是以充分发挥增强纤维的性能为主，基体本身应有较好的塑性，且与纤维有良好的相容性，而不是要求基体本身有很高的强度，如碳纤维增强铝基复合材料中纯铝或含有少量合金元素的铝合金作为基体比高强度铝合金要好得多，高强度铝合金做基体组成的复合材料强度反而低。在研究碳/铝复合材料基体合金优化过程中，发现铝合金的强度越高，复合材料的性能越低，这与基体与纤维的界面状态、脆性相的存在、基体本身的塑性有关。图 2-1 所示为不同铝合金和复合材料性能的对应关系。

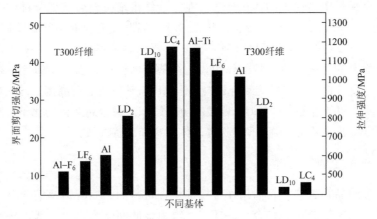

图 2-1 不同铝合金和复合材料性能的对应关系

但对于非连续增强（颗粒、晶须、短纤维）金属基复合材料，基体是主要的承载物，基体的强度对非连续增强金属基复合材料具有决定性的影响。因此要获得高性能的金属基复合材料必须选用高强度的铝合金为基体，这与连续纤维增强金属基复合材料基体的选择完全不同。如颗粒增强铝基复合材料一般选用高强度的铝合金为基体，如 A365、6061、7075 等高强度铝合金。

总之，针对不同的增强体系，要充分分析和考虑增强体的特点来正确选择基体合金。

（3）基体金属与增强体的相容性

由于金属基的复合材料需要在高温下成型，所以在金属基体与增强体的高温复合过程中，处于高温热力学不平衡状态下的纤维与金属之间很容易发生化学反应，在界面形成反应层。这种界面反应层大多是脆性的，当反应层达到一定的厚度后，材料受力的时候会因此界面的断裂伸长率小而产生裂纹，并向周围纤维扩展，容易引起纤维断裂，导致复合材料整体破坏。再者，由于金属基体中往往含有不同类型的合金元素，这些合金元素与增强体的反应过程不同，反应后生成的产物也不同，需在选用基体合金成分时考虑，尽可能选择既有利于金属与增强体浸润复合，又有利于形成合适稳定的界面的合金元素。如碳纤维增强铝基复合材料中在纯铝中加入少量的 Ti 和 Zr 等元素，明显改善了复合材料的界面结构和性质，大大提高了复合材料的性能。

铁、镍等元素是具有促进碳石墨化的元素，用铁、镍作为基体，碳（石墨）纤维作为增强体是不可取的。铁、镍元素在高温时能有效地促进碳纤维石墨化，破坏了纤维的结构，使其丧失原有的强度，做成的复合材料不可能具备高的性能。

因此，在选择基体时应充分注意与增强体的相容性（特别是化学反应），并考虑可能在金属基复合材料成型过程中，抑制界面反应。例如，可对增强纤维进行表面处理或在金属基体中添加其他成分，以及选择适宜的成型方法或条件缩短材料在高温下的停留时间等。

2. 结构复合材料的基体

用于各种航空航天、汽车、先进武器系统等构件的复合材料一般均要求有高的比强度和比刚度，有高的结构效率，因此大多选用铝及铝合金、镁及镁合金作为基体金属。目前研究发展较成熟的金属基复合材料主要是铝基、镁基复合材料，用它们制备成各种高比强度、高比模量的轻型结构件，广泛用于航空航天、汽车等领域。

在发动机，特别是燃气轮机中所需的结构材料是热结构材料，要求复合材料零件在高温下连续安全工作，工作温度在650℃~1200℃，同时要求复合材料有良好的抗氧化、抗蠕变、耐疲劳和良好的高温力学性质。镁、铝复合材料一般只能用在450℃左右，而钛合金基体复合材料可用到650℃，而镍、钴基复合材料可在1200℃使用。最近在研究的金属间化合物为热结构复合材料基体。

结构复合材料基体大致可分为轻金属基体和耐热合金基体两大类。

（1）用于450℃以下的轻金属基体

目前发现最成熟、应用最广泛的金属基复合材料是铝基和镁基复合材料，用于航天飞机、人造卫星、空间站、汽车发动机零件、制动盘等，并已形成工业行业规模生产。对于不同类型的复合材料应选用合适的铝、镁合金基体。连续纤维增强金属基复合材料一般选用纯铝或含合金元素少的单相铝合金，而颗粒、晶须增强金属基复合材料则选择具有高强度的铝合金。常用的铝合金、镁合金的成分和性能列于表2-1中。

表2-1 各种牌号铝合金、镁合金的成分和性能

合金牌号	主要成分/(%)						密度/(g/cm³)	热膨胀系数/($10^{-6}K^{-1}$)	导热率/[W/(m·℃)]	抗拉强度/MPa	模量/MPa
	Al	Mg	Si	Zn	Cu	Mn					
工业纯铝 Al3	99.5		0.8		0.06		2.6	22~25.6	218~226	60~108	70
LF6	余量	5.8~6.8				0.5~0.8	9.64	22.8	117	330~360	66.7
LY12	余量	1.2~1.8			3.8~4.9	0.3~0.9	2.8	22.7	121~193	172~549	68~71
LC4	余量	1.8~2.8		5~7	1.4~2.0	0.2~0.6	2.85	28.1	155	209~618	66~71
LD2	余量	0.45~0.9	0.5~1.2		0.2~0.6		2.7	23.5	156~176	347~679	70
LD10	余量	0.4~0.8	0.6~1.2		3.9~4.8	0.4~1.0	2.3	22.5	159	411~504	71
ZL101	余量	0.2~0.4	6.5~7.5	0.3	0.2	0.5	2.66	23.0	155	165~275	69
ZL104	余量	0.17~0.3	8.0~10.5				2.65	21.7	147	255~275	69
MB2	0.4~0.6	余量		0.2~0.8		0.15~0.5	1.78	26	96	245~264	40
MB15		余量		5.0~6.0			1.83	20.9	121	326~340	44
ZM5	7.5~9.0	余量		0.2~0.8		0.15~0.5	1.81	26.8	78.5	157~254	41
ZM8		余量		5.5~6.0			1.89	26.5	109	310	42

（2）用于450℃～700℃的复合材料的金属基体

钛合金具有相对密度小、耐腐蚀、耐氧化、强度高等特点，是一种可在450℃～700℃下使用的合金，通常在航天发动机等零件上使用。用高性能碳化硅、碳化钛颗粒、硼化钛颗粒增强钛合金，可以获得更高的高温性能。美国已成功地制成碳化硅纤维增强钛复合材料，用它制成的叶片和传动轴等零件可用于高性能航空发动机。

现已用于钛基复合材料的钛合金的成分和性能见表2-2。

表2-2 钛合金的成分和性能

合金成分	主要成分/(%)						密度/(g/cm³)	热膨胀系数/($10^{-6}K^{-1}$)	导热率/[W/(m·℃)]	抗拉强度/MPa	模量/MPa
	Mo	Al	V	Cr	Zr	Ti					
工业纯钛 TAl						余量	4.51	8.0	16.3	345～685	100
TC1		1.0～2.5				余量	4.55	8.0	10.2	411～753	118
TC3		4.5～6.0	3.5～4.5			余量	4.45	8.4	8.4	991	118
TC11	2.8～3.8	5.8～7.0			0.3～2.0	余量	4.48	9.3	6.3	1030～1225	123
TB2	4.8～5.8	2.5～3.5	4.8～5.8	7.5～8.5		余量	4.83	8.5	8.5	912～961	110
ZTC4		5.5～6.8	3.5～4.5			余量	4.40	8.9	8.9	940	114

（3）用于1000℃以上的高温复合材料的金属基体

用于1000℃以上的高温金属基复合材料的基体材料主要是镍基、铁基耐热合金和金属间化合物，较成熟的是镍基、铁基高温合金。金属间化合物基复合材料尚处在研究阶段。镍基高温合金是广泛使用于各种燃气轮机的重要材料。用钨丝、钍钨丝增强镍基合金可以大幅度提高其高温性能——高温持久性能和高温蠕变性能，一般可提高1～3倍，主要用于高性能航空发动机叶片等重要零件，用作高温金属基复合材料的基体合金的成分和性能列于表2-3中。

表2-3 高温金属基复合材料的基体合金成分与性能

基体合金及成分	密度/(g/cm³)	持久强度/MPa	高温比强度/(10^3N·m/kg) 1100℃，100h
Zh36 Ni-12.5-7W-4.8Mo-5Al-2.5Ti	12.5	138	112.5
EPD-16 Ni-11W-6Al/6Cr-2Mo-1.5Nb	8.3	51	63.5
Nimocast713 C Ni-12.5Cr-2.5Fe/2Nb-4Mo-6Al-1Ti	8.0	48	61.3
Mar-M322E Co-21.5Cr-25W-10Ni-3.5Ta-0.8Ti		48	
Ni-35W-15Cr-2Al-2Ti	9.15	23	25.4

金属间化合物、铌合金等金属现也正在作为更高温度下使用的金属基复合材料基体被研究。

3. 功能复合材料的基体

功能金属基复合材料随电子、信息、能源、汽车等工业技术的不断发展，越来越受到各方面的重视，面临广阔的发展前景。这些高技术领域的发展要求材料和器件具有优良的综合物理性能，如同时具有高力学性能、高导热性、低膨胀系数、高电导率、高抗电弧烧蚀性、高摩擦系数和好的耐磨性等。单靠金属与合金难以具有优良的综合性能，而要靠优化设计和先进制造技术将金属与功能体做成复合材料来满足需求。例如，电子领域的集成电路，由于电子器件的集成度越来越高，单位体积中的元件数不断增多，功率增大，发热严重，需用热膨胀系数小、导热性好的材料做基板和封装零件，以便将热量迅速传走，避免产生热应力，来提高器件的可靠性。又如汽车发动机零件要求耐磨、导热性好、热膨胀系数适当等，这些均可以通过材料的组合设计来达到。

由于工况条件不同，所需用的材料体系和基体合金也不同，目前已有应用的功能金属基复合材料（不含双金属复合材料）主要用于微电子技术的电子封装，用于高导热、耐电弧烧蚀的集电材料和触头材料，耐高温摩擦的耐磨材料，耐腐蚀的电池极板材料等，主要选用的金属基体是纯铝及铝合金、纯铜及铜合金、银、铅、锌等金属。

用于电子封装的金属基复合材料有：高碳化硅颗粒含量的铝基（SiC_p/Al）、铜基（SiC_p/Cu）复合材料，高模量、超高模量石墨纤维增强铝基（Gr/Al）、铜基（Gr/Cu）复合材料，金刚石颗粒或多晶体金刚石纤维铝、铜复合材料，硼/铝复合材料等，其基体主要是纯铝和纯铜。

用于集电和电触头的金属基复合材料有：碳（石墨）纤维、金属丝、陶瓷颗粒增强铝、铜、银及合金等。

功能金属基复合材料所用的金属基体均具有良好的导热性、导电性和良好的力学性能，但有膨胀系数大、耐电弧烧蚀性差的特点。通过在这些基体中加入合适的功能体就可以得到优异的综合物理性能，满足各种特殊需要。如在铝中加入导热性好、弹性模量大、膨胀系数小的石墨纤维、碳化硅颗粒就可使这类复合材料具有很高的热导率（与纯铝、铜相比）和很小的热膨胀系数，满足了集成电路封装散热的需求。

随着功能金属基复合材料研究的发展，将会出现更多品种。

2.1.2 聚合物基体

1. 聚合物基体的种类、组分和作用

（1）聚合物的种类

作为复合材料基体的聚合物的种类很多，经常应用的有不饱和聚酯树脂、环氧树脂、酚醛树脂及各种热塑性聚合物。

不饱和聚酯树脂是制造玻璃纤维复合材料的一种重要树脂。在国外，聚酯树脂占玻璃纤维复合材料用树脂总量的80％以上。聚酯树脂有以下特点：工艺性良好，它能在室温下固化，常压下成型，工艺装置简单，这也是它与环氧树脂、酚醛树脂相比最突出的优点。固化后的树脂综合性能良好，但力学性能不如酚醛树脂或环氧树脂。它的价格比环氧树脂低得多，只比酚醛树脂略贵一些。不饱和聚酯树脂的缺点是固化时体积收缩率大、耐热性差等。因此它很少用作碳纤维复合材料的基体材料，主要用于一般民用工业和生活用品中。

环氧树脂的合成起始于20世纪30年代，40年代开始工业化生产。由于环氧树脂具有一系列的可贵性能，所以发展很快，特别是自60年代以来，它广泛用于碳纤维复合材料及其他纤维复合材料。

酚醛是最早实现工业化生产的一种树脂。它们的优点是在加热条件下即能固化，无须添加固化剂，酸、碱对固化反应起促进作用，树脂固化中有小分子析出，故树脂固化需在高压下进行，固化时体积收缩率大，树脂对纤维的黏附性不够好，已固化的树脂有良好的压缩性能，良好的耐水、耐化学介质和耐烧蚀性能，但断裂延伸率较低，脆性大。所以酚醛树脂大量用于粉装压塑料、短纤维增强塑料，少量地应用于玻璃纤维复合材料、耐烧蚀材料等，在碳纤维和有机纤维复合材料中很少使用。

除上述几类热固性树脂外，近年来又研究和发展了用热塑性聚合物作碳纤维复合材料的基体材料，其中耐高温聚酰亚胺有着重要意义。其他热塑性聚合物除了用于玻璃纤维复合材料外，也开始用于碳纤维复合材料，这对扩大碳纤维复合材料的应用无疑是一个很大的推动。

（2）聚合物基体的组分

聚合物是聚合物基复合树脂的主要组分。聚合物基体的组分、组分的作用及组分间的关系都是很复杂的。一般来说，基体很少是单一的聚合物，往往除了主要组分——聚合物以外，还包含其他辅助材料。在基体材料中，其他的组分还有固化剂、增韧剂、稀释剂、催化剂等，这些辅助材料是复合材料基体不可缺少的组分。由于这些组分的加入，使复合材料具有各种各样的使用性能，并改进了工艺性，降低了成本，扩大了应用范围。在复合材料发展过程中，辅助材料的研究是很重要的，可以说没有辅助材料的配合就没有复合材料工业的发展。

（3）聚合物基体的作用

复合材料的基体有三种重要的作用：把纤维黏在一起；分配纤维间的载荷；保护纤维不受环境影响。

制造基体的理想材料，其原始状态应该是低黏度的液体，并能迅速变成坚固耐久的固体，足以把增强纤维黏住。尽管纤维增强的作用是承受复合材料的载荷，但是基体的力学性能会明显地影响纤维的工作方式及其效率。

当载荷主要是由纤维承受时，复合材料总的延伸率受到纤维的破坏延伸的限制，这通常为1%～1.5%，基体的主要性能是在这个应变水平下不应该裂开，与未增强体系相比，先进复合材料树脂体系趋于在低破坏应变和高模量的脆性方式下工作。

在纤维的垂直方向，基体的力学性能和纤维与基体之间的胶合强度控制着复合材料的物理性能。由于基体比纤维脆弱得多，而柔性却大得多，所以在复合材料结构设计中应尽量避免基体的直接横向受载。

基体以及基体/纤维的相互作用能明显地影响裂纹在复合材料中的扩展。若基体的剪切强度和模量以及纤维/基体的胶体强度过高，则裂纹可以穿过纤维和基体扩展而不转向，从而使这种复合材料像是脆性材料，并且其破坏的试件将呈现出整齐的断面。若胶结强度过低，则其纤维将表现得像纤维束，并且这种复合材料将很弱。对于中等的胶结强度，横跨树脂或纤维扩展的裂纹会在另一面转向，并且沿着纤维方向扩展，这就导致吸收相当多的能量，以这种形式破坏的复合材料是韧性材料。

在高胶强度体系（纤维间的载荷传导效率高，但断裂韧性差）与胶接强度较低的体系（纤维间的载荷传导效率不高，但有较高的韧性）之间需要折中。在应力水平和方向不确定的情况下使用的或在纤维排列精度较低的情况下制造的复合材料往往要求基体比较软，同时不太严格。在明确的应力水平情况下使用的和在严格地控制纤维排列情况下制造的先进复合材料，应通过使用高模量和高胶接强度的基体以充分地发挥纤维的最大性能。

2. 聚合物的结构与性能

（1）聚合物的结构

研究聚合物结构的根本目的在于了解聚合物的结构与性质的关系，以便正确地选择和使用聚合物材料，更好地掌握聚合物及其复合材料的成型工艺条件。通过各种途径改变聚合物结构，有效地改进其性能，设计与合成指定性能的聚合物。聚合物的结构有以下主要特点。

① 聚合物的分子链由很大数目（$10^3 \sim 10^5$ 数量级）的结构单元组成，每个结构单元相当于一个小分子。一条长链主要由两价结构基团连接而成，也可以由三价或四价基团连成。这些结构单元可以是相同的（均聚物），也可以是不同的（共聚物），它们通过共价键连成不同的结构，如线型的、支链的或网状的结构。

② 链长有限的聚合物分子含有官能团或端基，其中端基不是重复结构单元的一部分，它们与其他可反应端基团的反应及反应后的性能是非常重要的，即使在聚合物间存在程度很小的交联，也将对其物理、力学性能产生很大的影响。

③ 聚合物分子之间的作用力对于聚合物聚集态结构及复合材料的物理、力学性能有密切的关系。一般聚合物的主链都有一定的内旋转自由度，使大分子具有无数的构象，具有柔性。如果组成聚合物分子链的化学键不能内旋转，或结构单元间有强烈的相互作用，则形成刚性链，使高分子链具有一定的构象和构型。

综上所述，聚合物分子链结构，指的是单个聚合物分子的化学结构和立体结构，包括重复单元的本性、端基的本性、可能的支化和交联与结构顺序中缺陷的本性，以及高分子的大小和形态。聚合物分子聚集态结构指的是聚合物材料本体内部结构，包括晶态结构、非晶态结构、取向结构和组织态结构等。

（2）聚合物的性能

① 聚合物的力学性能。当人们应用聚合物基复合材料时，常常是使用它的力学性能。当然复合材料制件在实际使用中总会受到整个环境的影响，而不是仅仅受力这一因素的影响，因此还必须了解使用的时间、温度、环境等，同时考虑"温度-时间-环境-载荷"几

方面因素的作用，才能真实反映材料的性能指标。聚合物的力学性能与复合材料的力学性能无疑有着密切的关系，但是，由于种种因素的影响，一般复合材料用的热固性树脂固化后的力学性能并不高。决定聚合物强度的主要是分子内及分子间的作用力，聚合物材料破坏，无非是聚合物主链上化学键的断裂或是聚合物分子链间相互作用力的破坏。因此从构成聚合物分子链的化学键的强度和分子间相互作用力的强度，可以估算聚合物材料的理论强度，Morse、Fox 及 Martin 等提出来计算公式，在此不详细介绍。

热塑性树脂与热固性树脂在分子结构上的显著差别就是前者是线型结构而后者为体型网状结构。由于分子结构上的差别，使热塑性树脂在力学性能上具有如下几个显著特点：①具有明显的力学松弛现象；②在外力作用下，形变较大，当应力应变速度不太大时，可具有相当大的断裂延伸率；③抗冲击性能较好。

复合材料基体树脂强度与复合材料的力学性能之间的关系不能一概而论，基体在复合材料中的一个重要作用是在纤维之间传递应力，基体的黏结力和模量是支配基体传递应力性能的两个最重要的因素，这两个因素的联合作用，可影响到复合材料拉伸的破坏模式。如果基体弹性模量低，纤维受拉伸时将各自单独地受力，其破坏模式是一种发展式的纤维断裂，由于这种破坏模式不存在叠加作用，其平均强度是很低的。反之，如基体在受拉时仍有足够的黏结力和弹性模量，复合材料中纤维将表现为一个整体，可以预料强度会是高的。实际上，在一般情况下材料表现为中等的强度，因此，如各种环氧树脂在性能上无重大不同，则对复合材料影响是很小的。

因此，从聚合物结构来考虑，复合材料的力学性能是一个复杂的问题，应当具体分析。

② 聚合物的耐热性能。

A. 聚合物的结构与耐热性。

从聚合物结构上分析，为改善材料耐热性能，聚合物需具有刚性分子链、结晶性或交联结构。

为提高耐热性，首先是选用产生交联结构的聚合物，如聚酯树脂、环氧树脂、酚醛树脂、有机硅树脂等。此外，工艺条件的选择会影响聚合物的交联密度，因而也影响耐热性。提高耐热性的第二个途径是增加高分子链的刚性。因此在高分子链中减少单键，引进共价双键、叁键或环状结构（包括脂环、芳环或杂环等），对提高聚合物的耐热性很有效果。

最后应当指出，结构规整的聚合物以及那些分子间相互作用的聚合物均具有较大的结晶能力，结晶聚合物的熔融温度大大高于相应的非结晶的聚合物。

B. 聚合物的热稳定性。

聚合物的热稳定性也是一种度量耐热性能的指标。在高温下加热聚合物可以引起两类反应，即降解和交联。降解指聚合物主链的断裂，它导致相对分子质量下降，使材料的物理、力学性能变坏。交联是指某些聚合物交联使聚合物变硬、发脆，使物理、力学性能变坏。

C. 聚合物的耐腐蚀性能。

常用热固性树脂的耐化学腐蚀性能见表 2-4。

表 2-4 常用热固性树脂的耐化学腐蚀性能

性能＼聚合物	酚醛树脂	聚酯树脂	环氧树脂	有机硅树脂
24h 吸水率/(%)	0.12～0.36	0.15～0.60	0.10～0.14	少
弱酸的影响	轻微	轻微	无	轻微
强酸的影响	被侵蚀	被侵蚀	被侵蚀	被侵蚀
弱碱的影响	轻微	轻微	无	轻微
强碱的影响	分解	分解	轻微	被侵蚀
有机溶剂的影响	部分侵蚀	部分侵蚀	耐侵蚀	部分侵蚀

由此可见，玻璃纤维增强的复合材料的耐化学腐蚀性能与树脂的类别和性能有很大的关系，同时，复合材料中的树脂含量，尤其是表面层树脂的含量与其耐腐蚀性能有着密切的关系。

③ 聚合物的介电性能。聚合物作为一种有机材料，具有良好的电绝缘性能。一般来讲，树脂大分子的极性越大，则介电常数也越大、电阻率也越小、击穿电压也越小、介质损耗角越大，材料的介电性就越差。

常用热固性树脂的介电性能见表 2-5。

表 2-5 常用热固性树脂的介电性能

性能＼聚合物	酚醛树脂	聚酯树脂	环氧树脂	有机硅树脂
密度/(g/cm³)	1.30～1.32	1.10～1.46	1.11～1.23	1.70～1.90
体积电阻率/($\Omega \cdot cm$)	10^{12}～10^{13}	10^{14}	10^{16}～10^{17}	10^{11}～10^{13}
介电强度/(kV/mm)	14～16	15～20	16～20	7.3
60Hz 下相对介电常数/(F/m)	6.5～7.5	3.0～4.4	3.8	4.0～5.0
功率常数/60Hz	0.10～0.15	0.003	0.001	0.006
耐电弧性/s	100～125	125	50～180	—

3. 热固性树脂

(1) 不饱和聚酯树脂

① 不饱和聚酯树脂及其特点。不饱和聚酯树脂是指有线型结构的，主链上同时具有重复酯键及不饱和双键的一类聚合物。不饱和聚酯的种类很多，按化学结构分类可以分为顺酐型、丙烯酸型、丙烯酸环氧型和丙烯酸聚酯树脂。

不饱和聚酯树脂是热固性树脂中工业化较早,产量较多的一类,它主要应用于玻璃纤维复合材料。由于树脂的收缩率高且力学性能较低,因此很少用它与碳纤维制造复合材料。但近年来由于汽车工业发展的需要,用玻璃纤维部分取代碳纤维的混杂复合材料得以发展,价格低廉的聚酯树脂可能扩大应用。

不饱和聚酯的主要优点是:①工艺性能良好,如室温下黏度低,可以在室温下固化,在常压下成型,颜色浅,可以制造彩色制品,有多种措施来调节其工艺性能等;②固化后树脂的综合性能良好,并有多种专用树脂适应不同途径的需要;③价格低廉,其价格远低于环氧树脂,略高于酚醛树脂。它的主要缺点是:固化时体积收缩率较大,成型时气味和毒性较大,耐热性、强度和模量都较低,易变形,因此很少用于受力较强的制品中。

② 交联剂、引发剂和促进剂。

A. 交联剂。不饱和聚酯分子链中含有不饱和双键,因而在热的作用下通过这些双键,大分子链之间可以交联起来,变成体型架构。但是,这种交联很脆,没有什么优点,无实用价值。因此,在实际中经常把线型不饱和聚酯溶于烯类单体中,使聚酯中的双键间发生共聚合反应,得到体型产物,以改善固化后树脂的性能。

烯类单体在这里既是溶剂,又是交联剂。已固化树脂的性能,不仅与聚酯本身的化学结构有关,而且与选用的交联剂结构及用量有关。同时,交联剂的选择和用量还直接影响着树脂的工艺性能。应用最广泛的交联剂是苯乙烯,其他还有甲基丙烯酸甲酯、邻苯二甲酸丙烯酯、乙烯基甲苯、三聚氰酸三丙烯酯等。

B. 引发剂。引发剂一般为有机过氧化物,它的特性通常用临界温度和半衰期来表示。临界温度是指有机过氧化合物具有引发活性的最低温度,在此温度下过氧化物开始以可察觉的速度分解形成游离基,从而引发不饱和聚酯树脂也可以观察速度进行固化。半衰期是指在给定的温度条件下,有机过氧化物分解一半所需的时间。常见过氧化物的特性见表2-6。

表2-6 几种有机过氧化物的特性

名 称	物态	临界温度/℃	半衰期温度/℃		半衰期时间/h	
过氧化二异丙苯	固	120	115	130	12	1.8
			117	145	10	0.3
过氧化二苯甲酰	固	70	70	85	13	2.1
			72	100	10	0.4
过氧化环己酮	固	80	85	102	20	3.8
			91	115	10	1.0
过氧化甲乙酮	固	80	85	105	81	10
			100	115	16	3.6

C. 促进剂。促进剂的作用是把引发剂的分解温度降到室温以下。促进剂种类很多，各有其适用性。对于过氧化物有效的促进剂有二甲基苯胺、二乙基苯胺等。对于过氧化物有效的促进剂大都是具有变价的金属钴，如环氧酸钴、萘酸钴等。为了操作方便，配制准确，常用苯乙烯将促进剂配成较稀的溶液。

③ 不饱和聚酯树脂的固化特点。不饱和聚酯树脂的固化是一个放热反应，其过程可分为三个阶段。

A. 胶凝阶段。从加入促进剂后到树脂变成凝胶状态的一段时间。这段时间对于玻璃钢制品的成型工艺起决定性作用，是固化过程最重要的阶段。影响胶凝时间的因素很多，如阻聚剂、引发剂和促进剂的加入量，环境温度和湿度，树脂的体积，交联剂蒸发损失等。

B. 硬化阶段。硬化阶段是从树脂开始胶凝到一定硬度，能把制品从模具上取下为止的一段时间。

C. 完全固化阶段。在室温下，这段时间可能要几天至几周。完全固化通常是在室温下进行，并用后处理的方法来加速，如在80℃保温3h，但在处理之前，室温下至少放置24h，这段时间越长，制品吸水率越小，性能也越好。

④ 不饱和聚酯树脂的增黏特性。在碱土金属氧化物或氢氧化物，例如 MgO、CaO、$Ca(OH)_2$、$Mg(OH)_2$ 等作用下，不饱和聚酯很快稠化，形成凝胶状物，这种能使不饱和聚酯树脂黏度增加的物质，称为增黏剂。它使起始黏度为 $0.1\sim1.0$ Pa·s 的黏性液体状树脂，在短时间内黏度剧增至 10^3 Pa·s 以上，直至成为流动的、不粘手的类似凝胶状物，这一过程称为增黏过程。树脂处于这一状态时并未连接，在合适的溶剂中仍有可能溶解，加热时有良好的流动性。目前已利用不饱和聚酯树脂这一增黏特性来制备聚酯预混料、片状模压料（SMC）和团状模压料（BMC），目前可以进行自动化、机械化、连续大量生产，并且用它可以压制大型制品。

(2) 环氧树脂

凡是含有两个以上环氧基的高聚物统称为环氧树脂。按原料组分不同可分为双酚型环氧树脂、非双酚型环氧树脂以及脂环族环氧化合物和脂肪族环氧化合物等新型环氧树脂。

① 环氧树脂的种类。

A. 双酚 A 型环氧树脂。由双酚化合物为原料制成的环氧树脂，统称为双酚型环氧树脂，有双酚 A 型、双酚 F 型、双酚 PA 型和间苯二酚环氧树脂等。

a. 双酚 A 型环氧树脂。双酚型环氧树脂是以双酚 A 型环氧树脂为代表，它是一种量大面广的环氧树脂，常称为交通环氧树脂，是由环氧丙烷与二酚基丙烷等在碱性介质中缩聚而成的，属缩水甘油醚类。其中黏度较低、相对分子质量呈黏液态的双酚 A 型环氧树脂可作为玻璃的原材料使用。这种环氧树脂的结构通式如图 2-2 所示。

b. 双酚 F 型环氧树脂。双酚 F 型环氧树脂的相对分子质量小，结构简单，其结构通式如图 2-3 所示。双酚 F 型环氧树脂的特点是黏度小，只有双酚 A 型环氧树脂的 1/3 左右。它所用的固化剂以及固化物的性能与双酚 A 型环氧树脂相似。

c. 双酚 S 型环氧树脂。双酚 S 型环氧树脂是以 4,4-二羟基二苯砜（双酚 S）与过量环氧氯丙烷在氢氧化钠催化剂作用下合成的树脂。这种树脂的特点是热稳定性和耐腐蚀性比双酚 A 型树脂好得多，对玻璃纤维有较好的润湿性，制品尺寸稳定性好。

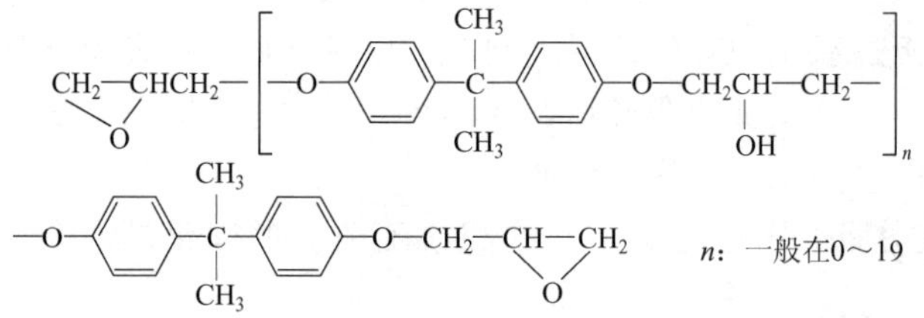

$$\underset{O}{CH_2-CH}CH_2-\left[O-\underset{\underset{CH_3}{|}}{\overset{\overset{CH_3}{|}}{C}}-O-CH_2-\underset{OH}{CH}-CH_2\right]_n$$

$$-O-\underset{\underset{CH_3}{|}}{\overset{\overset{CH_3}{|}}{C}}-O-CH_2-\underset{O}{CH-CH_2}$$

n：一般在0～19

图2-2 双酚A型环氧树脂的结构通式

$$\underset{O}{CH_2-CH}-CH_2-O-\underset{}{}-CH_2-\underset{}{}-O-CH_2-\underset{O}{CH-CH_2}$$

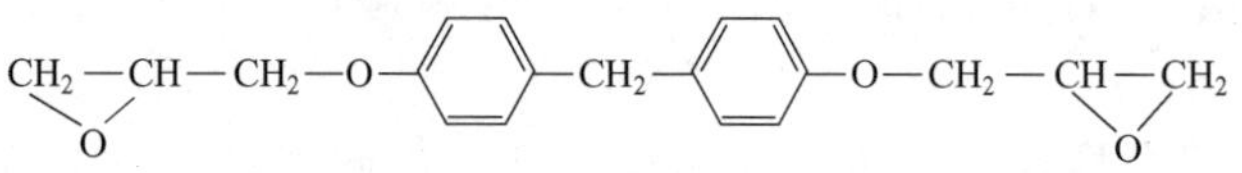

图2-3 双酚F型环氧树脂的结构通式

d. 间苯二甲环氧树脂。这种树脂是由间苯二酚（或丁醛等）在草酸催化下结合成相对分子质量的酚醛树脂后，再在氢氧化钠催化下与环氧氯丙烷反应制成的环氧树脂。该树脂的最大特点是具有较高的活性，其制品有良好的电绝缘性和耐热及耐化学腐蚀性，主要用作纤维增强塑料、黏结剂、涂料和耐高温的浇注材料。

B. 非双酚型环氧树脂。非双酚型环氧树脂是由环氧氯丙烷与多元醇、多元酸、多元酯或多元胺等缩合而成的树脂。在国内已试制或生产的品种有酚醛环氧树脂、三聚氰酸环氧树脂、氨基环氧树脂等。

a. 酚醛环氧树脂。酚醛环氧树脂是由环氧氯丙烷与线型酚醛树脂在氢氧化钠作用下缩合而成的高黏性树脂，其典型结构式如图2-4所示。

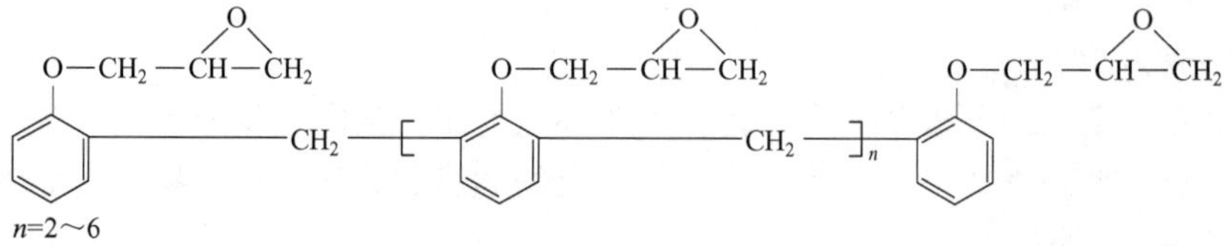

图2-4 酚醛环氧树脂典型结构式

b. 三聚氰酸环氧树脂。三聚氰酸环氧树脂是由三聚氰酸与环氧氯丙烷在氢氧化钠作用下结合而成的，为三聚氰酸三环氧丙酯与异三聚氰酸三环氧丙酯的混合物。现生产的牌号有695环氧树脂，结构式如图2-5所示。

从结构式中可以看出，695环氧树脂含三个环氧基，固化后交联密度大，因此，有优良的耐热性。同时，它的主体三氮杂环，化学稳定性高，耐紫外线和大气老化性能好，而且更为突出的是成分中氮含量较高（14%），有自熄性、耐电弧等特点。

C. 有机硅环氧树脂。在有机硅环氧树脂中，有一种线型的树脂，它是以环氧丙烷丙烯醚与聚硅氧烷中的活泼氢发生反应制得的。这种树脂具有耐高温性能，其纤维增强物的压层板比有机硅树脂纤维增强物压板的抗劈、弯曲和层间剪切强度都有很大的提高。

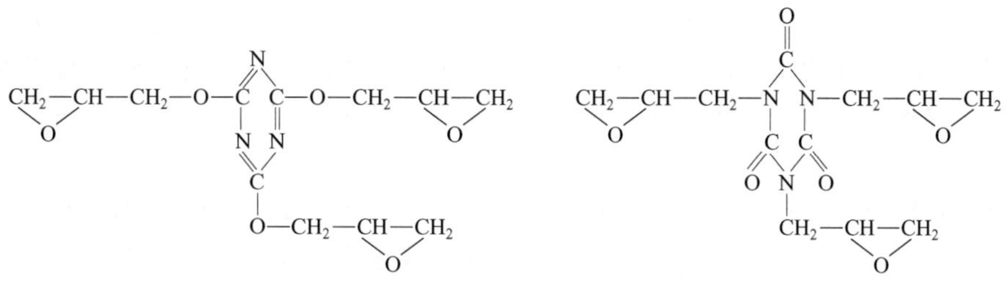

图 2-5　695 环氧树脂结构式

D. 氨基环氧树脂。氨基环氧树脂是由胺的化合物和环氧氯丙烷缩合而成的，属于缩水甘油胺。

a. 四官能团氨基环氧树脂。四官能团氨基环氧树脂的特点是韧性好、耐热、耐有机溶剂和碱，但耐无机酸差。目前这种树脂只少量生产，主要用于导电胶，也可以用于纤维增强塑料，特别是用于碳纤维复合材料效果更好。

b. 对氨基苯酚环氧树脂。对氨基苯酚环氧树脂是由对氨基苯酚和环氧氯丙烷在苛性碱介质中反应生成的，是一种性能良好的新型环氧树脂。这种树脂黏附力较好，适用于手工湿法成型复合材料制品，特别是纤维缠绕成型的复合材料制品，如电机护环、火箭辅助发动机壳体等。

E. 缩水甘油酯类环氧树脂。缩水甘油酯类环氧树脂具有黏度较低，反应活性高，固化物力学性能好，黏结强度大，耐气候性能、电性能优良的特点。

F. 脂环族环氧树脂。脂环族环氧树脂是脂环族环氧化合物，它是以树脂环烯烃（有两个以上双键的化合物）通过氧化物（如过氧化乙酸等）环氧化而制得的。

这类环氧树脂的主要特点是由于它的环氧基直接在脂环上，固化后得到含脂环的刚性结构物，具有高的热变形温度和热稳定性。由于无苯基结构存在紫外线，故耐气候性良好，此外还有黏度低、公益性好等优点。但它需要加热固化成型，同时要以刺激眼睛的酸酐类作为固化剂，操作麻烦。

G. 脂肪族环氧树脂。这种环氧树脂是以脂肪烯烃（有两个以上双键的化合物）通过过氧化物环氧化而制得的。目前这类环氧树脂典型的代表是环氧化聚丁二烯树脂。这种树脂是以丁二烯-1,3 为原料，用金属钠为催化剂（苯或庚烷），得到低相对分子质量的液体聚丁二烯，再用过氧化酸（如过氧化醋酸）等氧化而成的聚丁二烯环氧树脂，其结构式如图 2-6 所示。

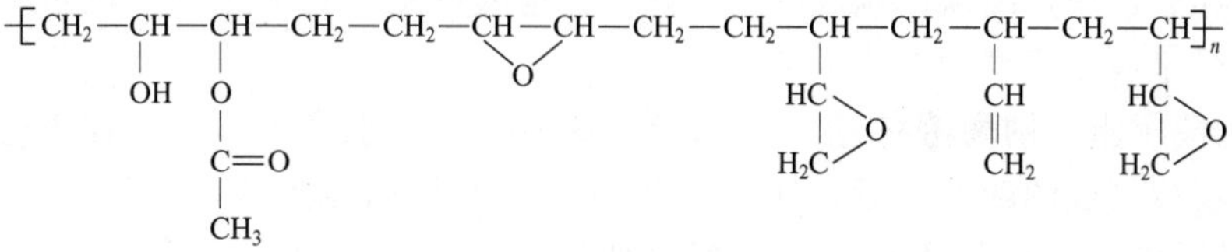

图 2-6　聚丁二烯环氧树脂结构式

从图 2-6 所示结构中可以看出，具有活泼性的环氧基、羟基和双键为多功能团的环氧树脂。其特点是产物可以从橡胶状到坚硬固体，耐冲击性能突出，蠕变小，但成型的收缩率较大。

该树脂主要用作玻璃纤维增强塑料、强度结构黏结剂、耐腐蚀涂料和浇注材料等。

② 环氧树脂的固化剂。环氧树脂是线性结构，必须加入固化剂使它变为不溶不熔的网状结构的树脂才有用处。环氧树脂的固化剂，按其固化的工艺历程可分为三类：①含有活泼氢的化合物，它仍在固化时发生加成聚合反应；②离子型引发剂，它们可以进一步分为阴离子和阳离子两种；③交联剂，它们能与双酚 A 型环氧树脂的氢氧基进行交联。

凡能与环氧树脂基发生反应使树脂固化的物质统称为固化剂或硬化剂，发生反应的过程称为固化、硬化或变定。固化剂的种类很多，通常有胺类固化剂、酸酐类固化剂、咪唑类固化剂、潜伏性固化剂，以及其他类型的固化剂。固化剂的不同使用要求，对环氧树脂性能产生关键性的影响。因此对固化剂的研究越来越引起人们的重视，新品种不断出现，改善了环氧树脂的性能，扩大了它的应用范围。

（3）酚醛树脂

酚醛树脂系酚醛缩合物，它广泛应用于工业技术部门已有 50 年的历史，并将继续使用下去。它的使用范围多系胶黏剂、涂料及布、纸、玻璃布的层压复合材料等。它的优点是比环氧树脂价格便宜，但有吸附性不好、收缩率高、制品空隙含量高等缺点。因此较少用酚醛树脂来制造碳纤维复合材料。

酚醛树脂的含碳量高，因此用它制造耐烧蚀材料，做宇宙飞行器载入大气的防护制件，它还用作碳/碳复合材料的碳基体的原料，近年来新研制的酚醛树脂，也已被用来制造耐高温的玻璃纤维复合材料。

① 酚醛树脂的种类。通常酚醛树脂按酚类和醛类配比量不同和使用的催化剂不同，将所得到的酚醛树脂分为热固性和热塑性两大类。在国内作为纤维增强塑料基体用的酚醛树脂大多数采用热固性树脂（酚与醛的摩尔比小于 0.9）。

A. 氨酚醛树脂。

a. 2124 酚醛树脂。用酚醛与甲醛（比为 1∶1.2），在氨水存在下经缩聚、脱水而制成的酚醛树脂，以乙醇为溶剂配制成胶液。

b. 1184 酚醛树脂。用苯酚与甲醛（比为 1∶1.5），在氨水存在下经缩聚反应、脱水而制成的酚醛树脂，以乙醇为溶剂配制成胶液。

c. 616 酚醛树脂。所用原料与 2124、1184 相同，只是苯酚和甲醛比不同而已。

B. 镁酚醛树脂。镁酚醛树脂是指用苯酚与甲醛（比为 1∶1.3）以及少量苯胺在氧化镁催化剂的作用下，经缩聚、脱水而制成的酚醛树脂，如牌号为 351 酚醛树脂等。

C. 钡酚醛树脂。钡酚醛树脂是指用苯酚和甲醛为原料，在 $Ba(OH)_2$ 催化剂作用下，经缩聚、中和、过滤及缩水而制成的一种热固性酚醛树脂。它的主要特点是黏度小，固化速度快，适合于低压成型和缠绕成型工艺。

D. 钠酚醛树脂。钠酚醛树脂是指用苯酚和甲醛（比为 1∶1.4），在 Na_2CO_3 的作用下，经缩聚反应制成的酚醛树脂，如牌号为 2180 酚醛树脂等。

② 酚醛树脂的固化与固化剂。酚醛树脂固化方法有两种。一种是加热固化，不加任何固化剂通过加热的方法，依靠酚醛结构本身的羟甲基等活性基团，进行化学反应而固化。另一种是通过加入固化剂使树脂发生固化。酚醛树脂常用的固化剂有两种。一种是线型酚醛树脂（二步法树脂），用六次甲基四胺等固化剂（10%～15%），再通过加热进

行固化。另一种是甲基热固性树脂酚醛树脂,用有机酸作为固化剂,常用的固化剂有苯磺酸、甲基苯磺酸、苯磺酰氯、石油磺酸、硫酸-硫酸乙酯等,用量为8%～10%。要在常温下进行固化,就必须使用此类固化剂。

③ 酚醛树脂的改性。仅由苯酚加甲醛缩合而成的酚醛树脂,存在脆性大、黏附力小等缺点,所以实际应用中都予以改性,最为普遍的改性方法有如下几种。

A. 聚乙烯醇缩丁醛改性酚醛树脂。用聚乙烯醇缩丁醛的酒精溶液加到镁酚醛树脂中,配成胶液树脂。这种树脂的特点是具有良好的流动性,适合于模压成型,制品具有较高的机械强度、良好的电绝缘性及磁热性。

B. 二甲苯改性的酚醛树脂。二甲苯改性的酚醛树脂又称酚改性二甲苯甲醛树脂,它是由二甲苯和甲醛在硫磺催化下经缩合反应而生成的产物,再与苯酚和甲醛进行反应而制得树脂。它是一种优良的耐热的高频绝缘材料,而且耐腐蚀性能优良,但玻璃钢成型工艺较其他酚醛树脂差。

C. 硼改性的酚醛树脂。利用硼酸与苯酚反应,生产硼酸酚,再与多聚甲醛水溶液反应,可生成一个含硼的酚醛树脂。这种树脂改善了原有酚醛树脂的脆性和吸水性,提高了玻璃钢制品的机械强度和耐热性。

(4) 其他热固性树脂

① 凡是含有呋喃环结构的树脂通称为呋喃树脂。呋喃树脂一般包括糠醇、糠醛和糠酮及其衍生物漆糠树脂、糠醇改性酚醛树脂等。这类树脂是以杂环为主链,因此具有较高的热稳定性和耐腐蚀等优良性能,而且原料取之于农副产物,其来源方便。其缺点是机械性能较差,特别脆,成型需要加压、加热、固化等条件,影响它的使用和推广。多半在要求耐高温和耐酸又耐碱制品中才使用呋喃树脂。单独使用呋喃树脂不多,通常与环氧树脂等混用,制造防腐蚀地坪等。

② 乙烯基酯树脂。乙烯基酯树脂是环氧丙烯酸酯类树脂或称不饱和环氧树脂,是20世纪60年代初国外开发的一类新型聚合物,它通常是由分子质量相对低的环氧树脂与不饱和一元酸(丙烯酸)通过开环加成反应而制得的化合物。这类化合物可单独固化,但一般都把它溶解在苯乙烯等反应性单体的活性稀释剂中来使用,把这类混合物称为乙烯基酯树脂,其典型化学结构式如图2-7所示。从图中可以看出,该类树脂保留了环氧树脂的基本链段,又有不饱和聚酯树脂的不饱和双链,可以室温固化。乙烯基酯树脂汇集了环氧树脂和聚酯树脂的双重特性,使其性能更趋完善,这就是该树脂最大的特点之一。

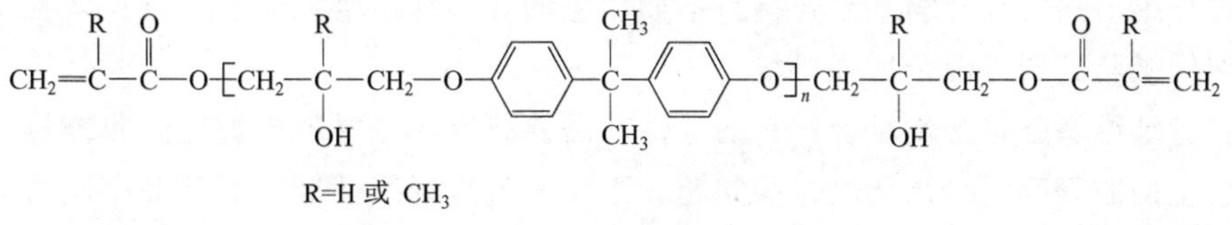

$$CH_2=C-C-O-[CH_2-C-CH_2-O-\underset{CH_3}{\underset{|}{\overset{CH_3}{\overset{|}{C}}}}-\underset{}{\bigcirc}-O]_n-CH_2-C-CH_2-O-C-C=CH_2$$

R=H 或 CH_3

图2-7 乙烯基酯树脂典型化学结构式

经过20余年的研究和发展,乙烯基酯树脂已成为多品种的系列产品,以利于满足各种不同使用的要求。

③ 有机硅树脂。有机硅树脂是一类由交替的硅和氧原子组成骨架，不同的有机基再用硅原子连接的聚合物的统称。如果原料单体的官能度≤2，则制得的聚有机硅烷为线型结构，如果原料单体的官能度≥2，则可制得热固性有机硅树脂，后者以高温（200℃～250℃）或催化剂（如环烷酸盐、三乙醇胺等）状态存在时，若加热即可能转变为不溶不熔的三维网状结构。

硅树脂可分为硬的和柔软弹性的两大类型，作为纤维增强塑料及涂料用的硅树脂属于硬的一类。

4. 热塑性树脂

热塑性聚合物是指具有线型或支链型结构的一类有机高分子化合物，这类聚合物可以反复受热软化（或熔化），而冷却后变硬。热塑性聚合物在软化或熔化状态下，可以进行模塑加工，当冷却至软化以下时能保持成型的形状。

属于这类聚合物的有聚乙烯、聚丙烯、聚氯乙烯、聚苯乙烯、聚酰胺、聚碳酸酯、聚甲醛、聚砜、聚苯硫等。在这些聚合物中，有一些已用于玻璃纤维增强塑料，但是用作碳纤维复合材料基体的目前还不多。可以预见，随着能源矛盾的加剧，随着科学技术的发展，以热塑性聚合物为基体的复合材料，也将会有很大的发展。

热塑性聚合物基复合材料与热固性树脂基复合材料相比，在力学性能、使用温度、老化性能方面处于劣势，而在工艺简单、工艺周期短、成本低、相对密度小等方面占优势。当前汽车工业的发展为热塑性聚合物基复合材料的研究和应用开辟了广阔的天地。

作为热塑性聚合物基复合材料的增强材料，除用连续纤维外，还用纤维编织物和短切纤维，一般纤维含量可达20%～50%。热塑性聚合物与纤维复合可以提高机械强度和弹性模量，改善蠕变性能，提高热变形温度和热导率，降低线膨胀系数，增加尺度稳定性，降低吸水性，以致应力开裂与改善疲劳性能。

早期的热塑性聚合物基复合材料，主要是玻璃纤维增强的复合材料。用玻璃纤维增强的热塑性聚合物基复合材料，在某些性能上不仅能达到一般热固性聚合物基玻璃纤维复合材料的水平，而且还能超过。

在短切纤维增强聚合物中，纤维长度一般为0.64～1.30cm，已研制或应用碳纤维增强的聚合物有尼龙、聚丙烯、聚苯磺、聚碳酸酯、聚砜、乙烯-四氟乙烯共聚物等。在聚合物中引入碳纤维可以降低材料的摩擦系数，其重要用途是制造支架和阀门。在冲击性能方面，碳纤维增强的聚合物基复合材料不如相应的玻璃纤维增强的复合材料，在工程上常选用玻璃纤维与碳纤维混杂增强材料。

为制造纤维增强热塑性复合材料的零件，需要研究改进材料模塑时的收缩性，还要研究如何防止挠曲等问题。欲解决这些问题，不仅要改进纤维性能，而且要研制有更好性能的热塑性聚合物。下面介绍几种具体的热塑性聚合物。

（1）聚酰胺

聚酰胺是具有许多重复的酰胺基 $\begin{matrix} O & H \\ \| & | \\ -C-N- \end{matrix}$ 的一类线型聚合物的总称，通常叫作尼

龙。目前尼龙的品种很多，如尼龙 4、5、6、7、8、9、10、11、12、13 及 66、610、1010 等，此外还有芳香族聚酰胺。

聚酰胺分子链中能形成具有相当强作用力的氢键，氢键形成的多少，由大分子的立体化学结构决定。氢键的形成使聚合物大分子间的作用力增大，易于结晶，具有较高的机械强度和熔点。在聚酰胺分子结构中次甲基（—CH_2—）的存在，又使分子链比较柔顺，有较高的韧性。

随着聚酰胺结构中碳链的增长，其机械强度下降。如尼龙 6 的强度为 70MPa，而尼龙 12 仅 13.6MPa。与此相反，大分子的柔顺性、疏水性则随着碳链的增长相应增加，低温性能、加工性能和尺寸稳定性也有所改善。

聚酰胺对大多数化学试剂是稳定的，特别是耐油性好，仅能溶于强极性溶剂，如苯酚、甲醛及间苯二胺等。

（2）聚碳酸酯

聚碳酸酯的化学结构式如图 2-8 所示，其中 n 在 100～500。工业生产的聚碳酸酯平均分子质量为 25000～70000。

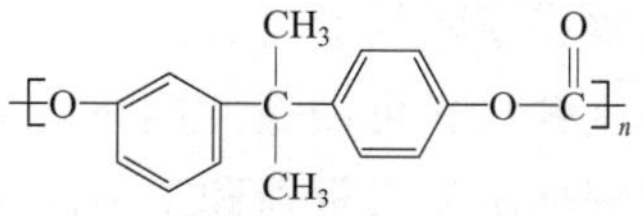

图 2-8 聚碳酸酯的化学结构式

聚碳酸酯分子主链上有苯环，限制了大分子的内旋转，减小了分子的柔顺性。碳酸酯基团是极性基团，增加了分子间的作用力，使空间位阻加强，也增大了分子的刚性。由于聚碳酸酯具有僵硬的分子主链，所以熔融温度可达 250℃～255℃，玻璃化温度为 145℃。碳的刚性使其在受力下形变减少，抗蠕变性能好，尺寸稳定，同时又阻碍大分子取向与结晶，且在外力强迫取向后不易松弛。所以在聚碳酸酯制件中常常存在残余应力而难以自行消除，故聚碳酸酯纤维复合材料制件需要进行退火处理，以改善机械性能。

聚碳酸酯分子链中存在氧基，使链段可以绕氧基两端单键发生内旋转，又使聚合物有一定的柔顺性。结构中碳基和氧基结合成酯基使碳酸酯易溶于有机溶剂，如三氯甲烷、二氯甲烷、甲酚等，但对于油类是稳定的。

聚碳酸酯分子可以与连续纤维或短切纤维制造复合材料，也可以用碳纤维编织与聚碳酸酯薄膜制造层压材料。例如，用粉状聚碳酸酯配制成溶液浸渍碳纤维毡制造复合材料零件，纤维毡浸聚碳酸酯溶液后，先在真空中于 110℃下脱水干燥并预见成型（纤维含量约 20%），纤维可以是玻璃纤维，也可以是高模量碳纤维，所用溶剂是 75% 的甲醇和 25% 的水，浸有聚碳酸酯的纤维毡在 353MPa 压力和 275℃ 下模塑成型，冷却 10min 或经 245℃ 退火处理得到复合材料，对其进行性能测试表明，用碳纤维增强聚碳酸酯与玻璃纤维增强聚碳酸酯比较，在弹性模量上有明显提高，而断裂延伸率却降低。

（3）聚砜

聚砜是指主链结构中含有—SO_2—链节的聚合物。它的突出性能是可以在 100℃～150℃ 下长期使用。聚砜的结构式如图 2-9 所示，其中，$n=50\sim10000$。

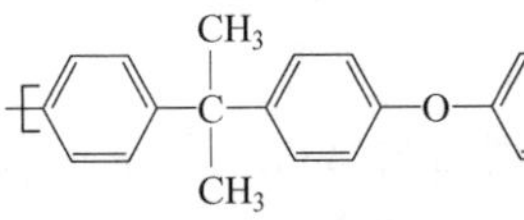

图 2-9 聚砜的结构式

聚砜结构规整，主链上含有苯环，所以玻璃化温度很高。美国联合碳化物公司生产的聚砜玻璃化温度为 190℃，英国 I.C.I 的产品为 230℃。由于聚砜分子中砜基上的硫原子处于最高氧化物状态，故聚砜有抗氧化的特性，即使在加热情况下，聚砜也难发生化学变化。这是由于二苯基砜的共轭状态的化学键比非共轭键要坚强有力得多，所以在高温或离子辐射下具有蠕变能力，但是聚砜的成型温度高达 300℃ 是一大缺点。聚砜分子结构中异丙基和醚键的存在，使大分子具有一定的韧性。聚砜的耐磨性好，且耐各种油类和酸类。有些聚砜具有低的可燃性和发烟性。碳纤维聚砜复合材料，对于宇航和汽车工业很有意义。波音公司已将碳纤维聚砜复合材料应用于飞机结构，取得了明显的经济效果。如在无人机上用聚砜石墨纤维层压板取代铝合金蒙皮，可以降低 20% 的成本，减轻 16% 的质量，并有低的摩擦特性，是唯一超过聚四氟乙烯的材料。

聚四氟乙烯与碳纤维构成的复合材料可制造空间飞行器的框架。LuBin 研究了用各种热塑性聚合物基碳纤维复合材料制造宇航飞行器和太阳能收集器框架，他推荐用聚甲基丙烯酸甲基复合材料。由于与碳纤维复合，增强了材料的刚度，改善了尺寸稳定性，使得这种材料有希望在具有放射性和热暴露的空间工作。

用 EIM-5 石墨纤维增强聚砜、聚砜醚、聚芳砜等可以制造发动机排气导管，其中聚砜的弯曲疲劳性能等优于环氧石墨纤维复合材料。

总之，用热塑性聚合物做复合材料的基体，将是发展复合材料的一个重要方面，特别是从材料来源、节约能源和结构经济效益上来考虑，发展这类复合材料有着重要意义。

2.1.3 陶瓷基体

传统的陶瓷是指陶器和瓷器，也包括玻璃、水泥、搪瓷、砖瓦等人造无机非金属材料。由于这些材料都是以含二氧化硅的天然硅酸盐物质，如黏土、石灰粉、沙子等为原料制成的，所以陶瓷纤维材料也是硅酸盐材料。随着现代科学技术的发展，出现了许多性能优异的新型陶瓷，它们不仅含有氧化物，还有碳化物、硼化物等。

陶瓷是金属和非金属元素的固体化合物，其键合是离子键，与金属不同，它们含有大量电子，一般而言，陶瓷具有比金属更高的熔点和硬度，化学性质非常稳定，耐热性、抗老化性皆佳。通常陶瓷是绝缘体，在高温下也可以导电，但比金属导电性差得多。虽然陶瓷的许多性能优于金属，但它们也存在致命的弱点，基体脆性强，韧性差，很容易因存在裂纹、空隙、杂质等细微缺陷而破碎，引起不可预测的灾难性后果，因此大大限制了陶瓷作为承载结构材料的应用。

近年来的研究表明，在陶瓷基体中添加其他成分，如陶瓷粒子、纤维或晶体，可提高陶瓷的韧性。粒子增强虽然能使陶瓷的韧性有所提高，但效果并不明显。20 世纪 40 年代，美国电话系统常常发生短路故障，检查发现蓄电池极板表面出现一种针状结晶物质。进一步的研究表明，这种结晶与基体极板金属结晶相似，但强度和模量都很高，并呈胡须状，故命名为晶须，最常用的晶须是碳化硅晶须，其强度大，容易掺杂在陶瓷基体中，已成功地用于增强多种陶瓷。

用作基体材料使用的陶瓷一般具有优异的耐高温性质、与纤维或晶须之间有良好的界面相容性以及较好的工艺性能等。常用的陶瓷基体主要包括玻璃、玻璃陶瓷、氧化物陶瓷、非氧化物陶瓷等。

1. 玻璃

玻璃是通过无机材料高温烧结而成的一种陶瓷材料。与其他陶瓷材料不同，玻璃在熔体后不经结晶而冷却成为坚硬的无机材料，即具有非晶态结构是玻璃的特征之一。在玻璃胚体的烧结过程中，由于复杂的物理化学反应产生不平衡的酸性和碱性氧化物的熔融液相，其黏度较大，并在冷却过程中进一步迅速增大。一般当黏度增大到一定程度（约 10^{12}Pa·s）时，熔体硬化并转变为具有固体性质的无定型物体即玻璃，此时相应的温度称为玻璃转变温度 T_g。当温度低于 T_g 时，玻璃表现出脆性。加热时玻璃熔体的黏度降低，在达到某一黏度（约 10^8Pa·s）所对应的温度时，玻璃显著软化，这一温度称为软化温度 T_f。T_g 和 T_f 的高低主要取决于玻璃的成分。

【玻璃】

2. 玻璃陶瓷

许多无机玻璃可以通过适当的热处理使其由非晶态转变为晶态，这一过程称为反玻璃化。由于玻璃化使玻璃成为多晶体，透光性变差，而且因体积变化还会产生内应力，影响材料硬度，所以通常应当避免发生玻璃化过程，但对于某些玻璃，反玻璃化过程可以控制，最后能够得到无残余应力的微晶玻璃，这种材料称为玻璃陶瓷。为了实现反玻璃化，需要加入形核剂（如 TiO_2）。玻璃陶瓷具有热膨胀系数小、力学性能好和热导率较大等特点，玻璃陶瓷基复合材料的研究在国内外受到重视。

3. 氧化物陶瓷

作为基体材料使用的氧化物陶瓷纤维主要有莫来石（即富铝红柱石，化学式为 $3Al_2O_3 \cdot 2SiO_2$）等，它们的熔点在 2000℃ 以上。氧化物陶瓷主要为单相多晶结构，除晶相外，可能还含有少量气相（气孔），微晶氧化物的强度较高，粗晶结构时，晶界上的残余应力较小，对强度不利，氧化物陶瓷的强度随环境温度升高而降低，但在 1000℃ 以下降低较小。这类陶瓷基复合材料应避免在高应力和高温环境下使用。这是由于 Al_2O_3 和 ZrO_2 的抗热振性较差，SiO_2 在高温下容易发生蠕变和相变。虽然莫来石具有较好的抗蠕变性能和较低的热膨胀系数，但使用温度也不宜超过 1200℃。

4. 非氧化物陶瓷

非氧化物是指不含氧的氮化物、碳化物、硼化物和硅化物。它们的特点是耐火性和耐磨性好，硬度高，但是脆性也很强。碳化物和硼化物的抗热氧化温度为 900℃～1000℃，氮化物略低些，硅化物的表面形成氧化硅膜，所以抗热氧化温度达 1300℃～1700℃。氮化硼具有类似石墨的六方结构，在高温（1360℃）和高压作用下转变成立方结构的β-氮化硼，耐热温度高达2000℃，硬度极高，可作为金刚石的代用品。

2.1.4 无机凝胶材料基体

无机凝胶材料主要包括水泥、石膏、菱石和水玻璃等。在无机凝胶材料基增强塑料中，研究和应用最多的是以纤维为增强材料组成的。用无机凝胶材料作为基体制成纤维增强塑料尚是一种处于发展的新型结构材料，其长期耐久性尚待进一步提高，其应用领域有待进一步拓宽。

1. 水泥基材料

（1）水泥基体材料的特征

与树脂相比，水泥基体有如下特征。

① 水泥基体为多孔体系，其孔隙尺寸可由十分之几纳米到数十纳米。孔隙存在不仅会影响基体本身的性能，也会影响纤维与基体的界面黏结。

② 纤维与水泥的弹性模量比不大，因水泥的弹性模量比树脂的高，对多数有机纤维而言，与水泥的弹性模量比甚至小于1，这意味着在纤维增强水泥复合材料中应力的传递效应远不如纤维增强树脂。

③ 水泥基材的断裂延伸率较低，仅是树脂基材的1/20～1/10，故在纤维尚未从水泥基材中拔出拉断前，水泥基材自行开裂。

④ 水泥基材中含有粉末或颗粒的物料，与纤维呈点接触，故纤维的掺量受到很大限制。树脂基体在未固化前是黏稠液体，可较好地浸透纤维中，故纤维的掺量可高些。

⑤ 水泥基材呈碱性，对金属纤维可以起到保护作用，但对大多数纤维是不利的。

几种水泥基体与增强用纤维性能比较见表2-7。

表2-7 几种水泥基体与增强用纤维性能比较

纤维名称	性能	容积密度/(g/cm³)	抗拉强度/MPa	弹性模量/MPa	极限延伸率/(%)
增强材料	低碳钢纤维	7.8	2000	200	3.5
	不锈钢纤维	7.8	2100	160	3.0
	漏石棉纤维	2.6	500～1800	150～170	2.0～3.0
	青石纤维	3.4	700～2500	170～200	2.0～3.0
	抗碱玻璃纤维	2.7	1400～2500	70～80	2.0～3.5
	中碱玻璃纤维	2.6	1000～2000	60～70	3.0～4.0
	无碱玻璃纤维	2.54	3000～13500	72～77	3.6～4.8
	高模量纤维	1.9	1800	380	0.5

(续)

纤维名称		容积密度/(g/cm³)	抗拉强度/MPa	弹性模量/MPa	极限延伸率/(%)
增强材料	聚丙烯单丝	1.9	2600	230	1.0
	Kevler-49	1.45	2900	133	2.1
	Kevler-29	1.44	2900	69	4.0
	尼龙单丝	1.1	900	4	13.0~15.0
基体材料	水泥净浆	2.0~2.2	3~6	10~25	0.01~0.05
	水泥砂浆	2.2~2.3	2~4	25~35	0.0005~0.015
	水泥混凝土	2.3~2.46	1~4	30~40	0.01~0.02

(2) 水泥基体的水化机理

水泥水化过程是相当复杂的，其物理化学反应是多种多样的。这里仅以模型的形式综合论述水泥水化机理。

在硅酸盐熟料中，硅酸盐矿物硅酸三钙（简写为 Ca_3S）、硅酸二钙（简写为 Ca_2S）约占75%，铝酸三钙（简写为 Ca_3A）和铁铝酸四钙（简写为 Ca_4AF）的固溶体约占20%，硅酸三钙的主要水化反应产物是水化硅酸钙与氢氧化钙，即 $Ca(OH)_2$ 晶体，两种硅酸盐的水化反应可大致用下式表示：

$$3CaO \cdot SiO_2 + nH_2O = xCaO \cdot SiO_2 \cdot H_2O + (3-x)Ca(OH)_2 \quad ①$$

$$2CaO \cdot SiO_2 + mH_2O = xCaO \cdot SiO_2 \cdot H_2O + (2-x)Ca(OH)_2 \quad ②$$

CSH(1) 式型在早期水泥石中占主要部分，是由熟料粒子向外辐射的针、刺、柱、管状的晶体，长 0.5~2μm，宽一般小于 0.2μm，在末端变细，常在尖端有分叉。

CSH(2) 式型与 CSH(1) 式型往往同时出现，粒子互相啮合成网络状。CSH(2) 式型以集合体出现，粒径小于 0.3μm，是不规则的等大粒子。$Ca(OH)_2$ 早期大量生成，初生成时，为六角形的薄片，宽度有几十微米到一百多微米，以后逐渐增厚并失去六角形轮廓。$Ca(OH)_2$ 晶体与水化硅酸盐钙交叉在一起，对水泥石的强度及其与基料颗粒、纤维的胶结起着重要作用。CSH 纤维状晶体，在水泥石长期水化中，仍继续存在，并且还可以发育生长，有时长达几十微米。长纤维网络起着改善水泥石本身强度和变形的作用。

水泥石的铁铝酸盐相在水化时，可生成形态与结晶完全不同的三种水化产物：钙矾石、单硫相和水化石榴石固溶体。

由于硅酸盐水泥水化过程中产生大量 $Ca(OH)_2$，故其水泥石孔隙液相的 pH 很高，一般在 12.5~13.0。

硫铝酸盐熟料的主要矿石成分为无水硫铝酸钙 [$3CaO \cdot 3Al_2O_3 \cdot CaSO_4$]，简写为 Ca_4A_3S 与 $\beta-Ca_2S$。

由于硫铝酸盐增强水泥石的石膏含量不足，故 $Ca(OH)_2$ 被结合生成钙矾石，因此，

这种水泥硬化体孔隙中液相的 pH 为 11.5 左右。

硫铝酸盐型低碱水泥是由 30%～40% 的硫铝酸盐与 30%～70% 的硬石膏制成的。由于此种水泥的石膏含量较高，故 β - 2CaO·SiO$_2$ 水化生成的 Ca(OH)$_2$，几乎皆可与铝胶、石膏反应生成钙矾石，故使硬化体孔隙中液相 pH 只有 10.5 左右。

在各种水泥水化过程中，只有钙矾石的孔隙液相的 pH 是低的，因此，到目前为止，硫铝酸盐型低碱水泥是水硬性凝胶材料中碱度低的一种。

2. 氯氧镁水泥

氯氧镁水泥基复合材料是以氯氧镁水泥为基体，以各种类型的纤维增强材料及不同外加剂所组成，用一定的加工方法复合而成的一种多相固体材料，隶属于无机凝胶材料基复合材料。它具有质量轻、强度高、不燃烧、成本低和生产工艺简单等优点。

氯氧镁水泥，也称镁水泥，至今已有 120 多年的历史。它是 MgO - MgCl$_2$ 三元体系。多年来因其水化物的耐水性较差，限制了它的开发和应用。近年来，人们通过研究，在配方中引入不同的耐水性外加剂，改进生产工艺，使其抗水性大幅度提高，使得氯氧镁水泥复合材料从单一轻型层面材料，发展到复合地板、玻璃瓦、浴缸和风管等多种制品。

氯氧镁水泥的主要成分为菱苦土（MgO），它是菱镁矿石经 800℃～850℃ 煅烧而成的一种硬性凝胶材料。我国菱镁矿石资源蕴藏丰富，截至 1986 年底统计，我国菱镁矿石勘察储量达 28 亿吨，占世界的 30%，主要分布在辽宁、山东、四川、河北、新疆等地，其中辽宁约占全国储量的 35%。开发利用这一巨大的资源优势，对于推动 GRC 复合材料的开发将起到不可估量的作用。

目前，氯氧镁水泥基复合材料广泛采用的是玻璃纤维、石棉纤维和木质纤维增强材料，为改善制品性能还填加各种粉状填料（如滑石粉、二氧化硅粉等）及抗水性外加剂。其生产方法根据所用纤维材料的形状和形式不同而异，有铺网法（即用玻璃纤维网络增强水泥砂浆）、喷射法（即用连续纤维切短后与水泥砂浆同时喷射到模具中）、预拌法（即短切纤维与水泥砂浆通过机械搅拌混合后，浇筑到模具中）。

2.2 复合材料的增强材料

在复合材料中，凡是能够提高基体力学性能的物质，称为增强材料。纤维在复合材料中起增强作用，是主要承力部分，它能使复合材料显示出较高的抗拉强度和刚度，还能够减少收缩，提高热变形温度和低温冲击强度。纤维增强材料，不仅是指纤维束丝，还包括纺织布、带、毡等纤维制品。纤维增强材料按其组成可以分为无机纤维增强材料和有机纤维增强材料两大类。无机纤维包括玻璃纤维、碳纤维、硼纤维、碳化硅纤维和晶须等；有机纤维包括芳纶、尼龙纤维和聚烯烃纤维等。增强材料的选用是根据制品的性能要求，如力学性能、耐热性能、耐腐蚀性能、电性能等，以及制品的成型工艺和成本要求确定的。

2.2.1 无机纤维

1. 玻璃纤维

玻璃纤维是纤维增强复合材料中应用最为广泛的增强体，可作为有机高聚物基或无机非金属材料基复合材料的增强体。例如，在聚苯乙烯塑料中加入玻璃纤维后，拉伸强度可以从 600MPa 提高到 1000MPa，弹性模量可以从 3000MPa 提高到 8000MPa，热变形温度可从 85℃提高到 105℃，使 −40℃下的冲击强度提高 10 倍。玻璃纤维具有成本低、不燃烧、耐热、耐化学腐蚀性好、拉伸强度和冲击强度高、断裂延伸率小、绝热性及绝缘性好等特点。图 2-10 所示为各种形式的玻璃纤维及其制品。

【玻璃纤维】

图 2-10 各种形式的玻璃纤维及其制品

(1) 玻璃纤维分类

玻璃纤维的分类方法很多，一般从玻璃原料成分、单丝直径、纤维外观及纤维特性等方面进行分类。

① 按其原料组成划分：a. 无碱玻璃纤维，国内规定其碱金属氧化物含量不大于 0.5%，国外一般为 1%左右，这种纤维强度较高，耐热性和电性能优良，能抗大气侵蚀，化学稳定性也好（但不耐酸），最大的特点是电性能好，因此，也将它称为"电气玻璃"，国内外广泛使用这种玻璃纤维作为复合材料的原材料；b. 有碱玻璃纤维，类似于窗玻璃及玻璃瓶的钠钙玻璃，由于含碱度高，强度低，对潮气侵蚀极为敏感，因而很少作为增强材料；c. 中碱玻璃纤维，碱金属氧化物含量为 3.5%~12.5%，它的主要特点是耐酸性好，主要用于耐腐蚀领域中，价格较便宜；d. 特种玻璃纤维，如由纯镁铝硅三元组成的高强玻璃纤维、镁铝硅系高强高弹玻璃纤维、硅铝钙镁系耐化学介质腐蚀玻璃纤维、含铅纤维、高硅氧纤维、石英纤维等。

② 按单丝直径划分：粗纤维（单丝直径为 30μm）、初级纤维（单丝直径为 20μm）、中级纤维（单丝直径为 10~20μm）、高级纤维（单丝直径为 3~10μm），单丝直径小于 4μm 的玻璃纤维称为"超细纤维"。

③ 按本身具有的性能划分：高强玻璃纤维、高模量玻璃纤维、耐高温玻璃纤维、耐碱玻璃纤维、耐酸玻璃纤维、普通玻璃纤维。

④ 按外观划分：长纤维、短纤维、空心纤维和卷曲纤维等。

（2）玻璃纤维结构及化学组成

① 玻璃纤维的结构。玻璃纤维的拉伸强度比块状玻璃高许多倍，两者的外观完全不同，但是，研究证明玻璃纤维的结构与玻璃相同。由于玻璃结构的假说有多种，到目前为止，只有"微晶结构假说"和"网络结构假说"才比较符合实际情况。

【玻璃纤维的结构】

微晶结构假说认为，玻璃是由硅酸盐或二氧化硅的"微晶子"组成，在"微晶子"之间由硅酸盐过冷溶液填充。

网络结构假说认为，玻璃是二氧化硅四面体、铝氧四面体或硼氧三面体相互连成不规则的三维网络，网络间的空隙由 Na^+、K^+、Ca^{2+}、Mg^{2+} 等阳离子所填充。二氧化硅四面体的三维网状结构是决定玻璃性能的基础，填充的 Na^+、Ca^{2+} 等阳离子称为"网络改性物"。

大量资料证明，玻璃结构中存在一定数量和大小、比较有规则排列的区域。这种近似有序的规则性是由一定数目的多面体遵循类似晶体结构的规则排列形成的。但是，它的有序区域不是像晶体结构那样有严格的周期性，微观上是不均匀的，宏观上却又是均匀的，使玻璃在性能上具有各向同性。

② 玻璃纤维的化学组成。玻璃纤维是非结晶型无机纤维，化学组成主要是二氧化硅、三氧化二硼、氧化钙、三氧化二铝等，它们对玻璃纤维的性质和生产工艺起决定性作用。氧化钠、氧化钾等碱性氧化物能够降低玻璃的熔化温度和熔融强度，并使玻璃溶液中的气泡易于排除。它们主要通过破坏玻璃骨架，使结构疏松，从而达到助熔的目的。因此，氧化钠和氧化钾的含量越高，玻璃纤维的强度、电绝缘性能和化学稳定性都会相应降低。加入氧化钙、三氧化二铝等，能在一定条件下构成玻璃网络的一部分，改善玻璃的某些性质和加工性能。玻璃纤维化学成分的设定既要满足玻璃纤维物理和化学性能的要求，具有良好的化学稳定性，还要满足制造工艺的要求，如合适的成型温度、硬化速度及硬度范围。表 2-8 列出了国内外常用玻璃纤维成分。

表 2-8 国内外常用玻璃纤维成分（%）

原料 \ 玻璃纤维	国 内			国 外					
	无碱1号	无碱2号	中碱5号	A	B	D	E	S	R
SiO_2	54.1	54.5	67.5	72.0	65	73	55.2	65	60
Al_2O_3	15.0	13.8	6.6	2.5	4.0	4	14.8	25	25
B_2O_3	9.0	9.0	—	0.5	5.0	23	7.3	—	—
CaO	16.5	16.2	9.5	9.0	14.0	4	18.7	—	9
MgO	4.5	4.0	4.2	0.9	3.0	4	3.3	10	6

(续)

玻璃纤维 原料	国 内			国 外					
	无碱1号	无碱2号	中碱5号	A	B	D	E	S	R
Na_2O	<0.5	<0.2	11.5	12.5	8.5	4	0.3	—	—
K_2O	—	—	<0.5	1.5	—	4	0.2	—	—
Fe_2O_3				0.5	0.5		0.3		
F_2	—	—	—	—	—	—	0.3	—	—

(3) 玻璃纤维的物理性能和化学性能

玻璃纤维具有一系列优良性能，防火、防霉、防蛀、耐高温和电绝缘性能好等。它的缺点是具有脆性，不耐腐蚀，对人的皮肤有刺激性等。

一般天然或人造有机纤维的表面都有较深的皱纹，而玻璃纤维的外观是光滑的圆柱体，横断面几乎是完整的圆形。从宏观上看，由于表面光滑，纤维之间的抱合力非常小，不利于与树脂黏结。又由于呈圆柱状，所以玻璃纤维彼此相靠近时，空隙填充得较为密实，这对于提高复合材料制品的玻璃含量是有利的。用于复合材料的玻璃纤维，直径一般为 $5\sim20\mu m$，密度为 $2.4\sim2.78g/cm^3$，一般无碱玻璃纤维的密度比有碱玻璃纤维大。

玻璃纤维的最大特点是：拉伸强度较高，但扭转强度和剪切强度都比其他纤维低很多，玻璃纤维的拉伸强度比相同成分的玻璃高很多，一般有碱玻璃的拉伸强度只有 $40\sim100MPa$，而用它拉制的玻璃纤维，拉伸强度可高达 $2000MPa$，强度提高 $20\sim50$ 倍。

对玻璃纤维高强的原因，许多学者提出了不同的假说，其中比较有说服力的是"微裂纹假说"。该假说认为：玻璃的理论强度取决于分子或原子间的引力，它的理论强度很高，可达到 $2000\sim12000MPa$，但是，实际测试的强度值却很低，这是因为在玻璃或玻璃纤维中存在数量不等、尺寸不同的微裂纹，因而大大降低了强度。微裂纹分布在玻璃或玻璃纤维的整个体积内，但以表面的微裂纹危害最大。由于微裂纹的存在，使玻璃或玻璃纤维在外力作用下受力不均，在微裂纹处产生应力集中，首先发生破坏，使强度下降。玻璃纤维比玻璃的强度高很多，是因为玻璃纤维高温成型时减少了玻璃溶液的不均一性，使微裂纹产生的机会减少。另外，玻璃纤维的断面较小，微裂纹存在的概率也减少，从而使纤维强度增高。

玻璃纤维是一种优良的弹性材料，应力-应变曲线基本上是一条直线，没有塑性变形阶段，断裂延伸率小。直径为 $9\sim10\mu m$ 的玻璃纤维的延伸率为 2% 左右，直径为 $5\mu m$ 的玻璃纤维的延伸率约为 3%。几种玻璃纤维的物理性能见表 2-9。

表 2-9 几种玻璃纤维的物理性能

玻璃纤维 性　能	A	B	D	E	S	R
拉伸强度（原纱）/GPa	3.1	3.1	2.5	3.4	4.58	4.4
拉伸弹性模量/GPa	73	74	55	71	85	86
延伸率/(%)	3.6			3.37	4.6	5.2
密度/(g/cm^3)	2.46	2.46	2.14	2.55	2.5	2.55
比强度/(MN/kg)	1.3	1.3	1.2	1.3	1.8	1.7
比模量/(MN/kg)	30	30	26	28	34	34
线胀系数/(10^{-6} K^{-1})		8	2～3			4
折光指数	1.520			1.548	1.523	1.541
介电损耗角正切/10^6 Hz			0.0005	0.0039	0.0072	0.0015
介电常数： 10^{10} Hz 10^6 Hz			3.85	6.11	5.6	6.2
功率因数： 10^{10} Hz 10^6 Hz			0.0009	0.0006		0.0093
体积电阻率/($\mu\Omega \cdot m$)	10^{14}			10^{19}		

　　玻璃纤维的直径越大和长度越长，都使其强度变得越低。拉伸强度还与玻璃纤维的化学成分密切相关，一般来说，含碱量越高，强度越低。玻璃纤维存放一段时间后，会出现强度下降的现象，主要是空气中的水分对纤维侵蚀的结果。含碱量低的玻璃纤维的强度下降小，例如，直径为 6μm 的无碱玻璃纤维和含 17% Na_2O 的有碱纤维，在空气湿度为 60%～65% 的条件下存放，无碱玻璃纤维存放两年后强度基本不变，而有碱纤维强度不断下降，开始比较迅速，以后缓慢下降，存放两年后强度下降 33%。

　　玻璃是一种很好的耐腐蚀材料，玻璃纤维的耐腐蚀性却很差。这主要是由于玻璃纤维的比表面积大。例如，质量为 1g、厚度为 2mm 的玻璃，只有 5.1cm^2 的表面积，而 1g 的玻璃纤维（直径为 5μm）的表面积却达到 3100cm^2，使玻璃纤维受化学介质腐蚀的面积比玻璃大 608 倍。

　　玻璃纤维除对氢氟酸、浓碱、浓磷酸外，对所有化学药品和有机溶剂都有良好的化学稳定性。化学稳定性在很大程度上决定了不同纤维的使用范围。玻璃纤维的化学稳定性主要取决于其成分中二氧化硅及碱金属氧化物的含量。显然，二氧化硅含量多能提高玻璃纤维的化学稳定性，而碱金属氧化物则会使化学稳定性降低。在玻璃纤维中如增加 SiO_2、

Al_2O_3、ZrO_2、TiO_2含量，都可以提高玻璃纤维的耐酸性；增加SiO_2、CaO、ZrO_2、ZnO含量，能够提高玻璃纤维的耐碱性；在玻璃纤维中加入Al_2O_3、ZrO_2及TiO_2等氧化物，可大大提高耐水性。

(4) 玻璃纤维制品性能与应用

① 性能。玻璃纤维纱一般分为加捻纱和无捻纱两种。加捻纱是通过退绕、加捻、并股、络纱而制成的玻璃纤维成品纱。无捻纱则不经退绕、加捻，直接并股、络纱而成。国内生产的有捻纱一般用石蜡乳剂作为浸润剂。无捻纱一般用聚酯酸乙烯酯作润湿剂，它除了纺织外，还适用于缠绕，其特点是对树脂的浸润性良好，强度较高，成本低，但在成型过程中由于未经加捻而易磨损，因此易起毛及断头。

玻璃纤维由于直径、股数不同而有很多规格。国际上通常用"tex"来表示玻璃纤维的不同规格，tex是指1000m长原丝的质量（单位为g）。例如，1200tex就是指1000m长的原丝质量为1200g。

② 应用。玻璃纤维作为聚酯、环氧和酚醛的增强体正在被广泛使用，这种复合材料在中国统称"玻璃钢"。玻璃钢价格十分便宜，并且可以有许多种形式和不同性能的产品。玻璃纤维的应用可以按其品种划分。

【玻璃纤维的应用】

A. 玻璃纤维无捻粗纱。无捻粗纱是原丝或单丝的集束体，前者是指多股原丝络制而成的无捻粗纱，也称"多股无捻粗纱"；后者是指从漏板拉下来的单丝集束而成的无捻粗纱，也称"直接无捻粗纱"。一般无捻粗纱的单丝直径为$13\sim23\mu m$。无捻粗纱可直接用于复合材料成型工艺，如缠绕成型和拉挤成型，也可切短后用于喷射成型、SMC和模压预浸料工艺。

为了适应不同的复合材料成型工艺、产品性能和基体类型，需采用不同类型的浸润剂，所以有各种用途的无捻粗纱。

a. 喷射成型用无捻粗纱。复合材料的喷射成型工艺对无捻粗纱的性能要求如下：切割性好，切割时产生的静电少，偶联剂常用有机硅和有机铬化合物；分散性好，切割后分散成原丝的比例要达到90%以上；贴模性好；浸润性好，能被树脂快速浸透；气泡易于驱赶；丝束引出性好。

b. SMC用无捻粗纱。在制造SMC片材时将无捻粗纱切割成25mm的长度，分散在树脂糊中。对SMC无捻粗纱的性能要求是：短切性能好；抗静电性能好；容易被树脂浸透；硬挺度适宜。

c. 缠绕用无捻粗纱。缠绕用无捻粗纱一般采用直接无捻粗纱，对其要求如下：成带性好，成扁带状；退绕性好；张力均匀；线密度均匀；浸润性好，易被树脂浸透。

d. 织造用无捻粗纱。织造用无捻粗纱主要用于织造各种规格的方格布和单向布。对织造用无捻粗纱的要求：良好的耐磨性，在纺织过程中不起毛；良好的成带性；张力均匀；退绕性好，从纱筒退卷时无脱圈现象；浸润性好，能被树脂快速浸透。

B. 无捻粗纱方格布。无捻粗纱方格布是无捻粗纱平纹织物，可用直接无捻粗纱织造，它是目前手糊玻璃钢制品的主要增强体，除手糊工艺外，还用于层压和卷管工艺。无捻粗纱方格布在经纬向强度最高，在单向强度要求高的情况下，可以织成单向方格布，一般在经向布置较多的无捻粗纱。

对无捻粗纱方格布的质量要求：织物均匀，布边平直（从手糊成型工艺角度看，布边最好是毛边），布面平整，无污渍，不起毛，无皱纹等；单位面积、质量、布幅及卷长都符合标准；浸润性好，能被树脂快速浸透；力学性能好；潮湿环境下强度损失小。

用无捻粗纱方格布制成的复合材料的特点是层间剪切强度低，耐压和疲劳强度差。

C. 玻璃纤维毡片。包括短切原丝毡、连续原丝毡、表面毡和针刺毡。

a. 短切原丝毡。将玻璃纤维原丝或无捻粗纱切割成50mm长，将其均匀地铺设在网带上，随后撒上聚酯粉末黏结剂，加热熔化然后冷却制成短切原丝毡。所用玻璃纤维单丝直径为$10\sim12\mu m$，原丝集束根数为50或100。短切毡的单位面积质量为$150\sim900g/m^2$，常用的是$450g/m^2$。短切原丝毡中高溶解度型短切原丝毡用于连续制板和手糊制品，低溶解度型短切原丝毡适用于模压和SMC等制品。短切原丝毡应达到如下要求：单位面积质量均匀，无大孔眼形成，黏结剂分布均匀；干毡强度适中，在使用时根据需要可以容易地将其撕开；优异的浸润性，能被树脂快速浸透。

b. 连续原丝毡。将玻璃原丝呈"8"字形铺设在连续移动网带上，经聚酯粉末强黏结剂黏合而成。单丝直径为$11\sim20\mu m$，原丝集束根数为50或100，单位面积质量范围为$150\sim650g/m^2$。连续原丝毡中的纤维是连续的，因此，适用于具有深模腔或复杂曲面的对模模压（包括热压和冷压），还用于拉挤型材工艺和树脂注射模塑工艺。

c. 表面毡。表面毡是用$10\sim20\mu m$的C玻璃纤维单丝随机交叉铺设并用黏结剂黏合而成，可用于增强塑料制品的表面耐蚀层，或者用来获得富树脂的光滑表面，防止胶衣层产生微细裂纹，遮掩下面的玻璃纤维及织物纹路，同时还使制品的表面有一定弹性，以改善其抗冲击性和耐磨性。表面毡由于毡薄、玻璃纤维直径小，可形成富树脂层，树脂含量可达90%，因此，使复合材料具有较好的耐化学性能、耐候性能，并遮盖了由方格布等增强材料引起的布纹，起到了较好的表面修饰效果。表面毡单位面积质量较小，一般为$30\sim150g/m^2$。

d. 针刺毡。针刺毡主要用于对模法制品而不是手糊法制品。

D. 缝合毡。用缝编机将短切玻璃纤维或长玻璃纤维缝合成毡，短切玻璃纤维缝合毡可代替短切毡使用，而长玻璃纤维缝合毡可代替连续原丝毡。其优点是：不含黏结剂，树脂的浸透性好，价格较低。

E. 加捻玻璃纤维布。加捻玻璃布有平纹布、斜纹布、缎纹布、罗纹和席纹布等，主要用于生产各种电绝缘层压板、印制电路板、各种车辆车体、贮罐、船艇及手糊制品的玻璃钢模具等，以及用于耐腐蚀场合中碱玻璃布、生产涂塑包装布。

F. 玻璃带（条布为带）。玻璃带常用于高强度、高介电性能的复合材料电气设备零部件。

G. 单向织物（即无纬带）。单向织物是指用粗经纱和细纬纱织成的四经玻缎纹或长轴缎纹布，其特点是在经向具有高强度，可用于电枢绑扎以及制造耐压较高的玻璃钢薄壁圆筒和气瓶等高压容器。

H. 三向织物。三向织物包括各种异形织物、槽芯织物和续编织物等。以其作为增强体的复合材料具有较高的层间剪切强度和耐压强度，可用做轴承、耐烧蚀件等。

I. 组合增强材料。组合增强材料指将短切原丝毡、连续原丝毡、无捻粗纱织物和无捻粗纱等，按一定的顺序组合起来的增强材料，可为树脂基复合材料提供特殊的或综合的优异性能。

　　J. 特种玻璃纤维。

　　a. 高强度玻璃纤维及高模量玻璃纤维。高强度玻璃纤维有镁铝硅酸盐和硼硅酸盐两个系统。镁铝硅酸盐玻璃纤维也称 S 玻璃纤维，它具有高的比强度，在高温下有良好的强度保留率及高的疲劳极限。与 E 玻璃纤维相比，拉伸强度提高 33％，弹性模量提高 20％。S 玻璃纤维的拉丝温度很高，一般要在 1400℃ 以上，需要特殊的拉丝工艺。硼硅酸盐玻璃纤维液相温度较低，不需要特殊拉丝工艺条件，一般用含 15％～25％ 的铂拉丝炉即可拉丝。它的拉伸强度为 4400MPa，弹性模量为 7.4×10^4 MPa。

　　高模量玻璃纤维的模量为 9.4×10^4 MPa，比一般玻璃纤维的模量提高 1/3 以上。由它制成的玻璃钢制品刚性特别好，在外力作用下不易变形，更适合于要求高强度和高模量制品以及航空、宇航所用的制品。

　　b. 耐高温玻璃纤维。石英纤维是一种优良的耐高温材料。这种纤维仅限于用高纯度（99.95％二氧化硅）天然石英晶体制成的纤维，它保持了固体石英的特点和性能。石英纤维的软化温度高，可达 1250℃ 以上；膨胀系数小，石英纤维的膨胀系数仅为普通玻璃纤维的 1/20～1/10；在高温下电绝缘性能良好；电导率为一般纤维的 0.01％～0.1％。石英纤维广泛用在电机制造、光通信、火箭及原子反应堆工程等方面。

　　高硅氧玻璃纤维的耐热性能与石英纤维相似，但其强度较低，仅为普通无碱纤维强度的 1/10，主要用作绝缘材料和隔热材料，多用于火箭、喷气发动机、原子反应堆等。

　　c. 空心玻璃纤维。空心玻璃纤维采用铝硼硅酸盐玻璃原料，用特制拔丝炉拔丝制成。这种纤维呈中空状态，质轻、刚性好，制成玻璃钢制品比一般的轻 10％ 以上，而且弹性模量较高，电性能好，热导率低，但性质较脆。它适用于航空与海底装备。

　　（5）玻璃钢制品的应用概况

　　玻璃钢的应用范围遍及各种陆上运输车辆的零部件。在建筑和土木工程中，玻璃钢用于建筑承重结构、围护结构及室内设备和装饰，卫生洁具及整体卫生间，施工板和标牌，农业仓库和太阳能装置等，用于化工防腐的管道、贮罐、贮槽、烟囱、通风泵、阀门、风机叶片和集中式空调装置的冷却塔，也用于供水和废水处理厂使用的各种结构和零部件，净水槽和贮水槽等。发电和输配电装置和设备、工业和各种家用电器设备和组件、印制电路板和电子仪器外壳、底座等也常用玻璃钢制造。各种渔船、游艇、商业和军用船只，水上航标以及船舶维护、修理和其他辅助设施，常常选用玻璃钢材质。玻璃钢还在以下几方面得到应用：家庭用具如洗衣机、空调机等，商用设备、商用冷冻和超级市场用橱柜、物品盘等，办公设备如复印机、计算机、邮箱等，文体休闲用品（钓鱼竿、高尔夫球杆、球拍、运动场设施、露营车、小型轻便货车、旅行拖车和活动房子、各种乐器、家具等），商业和军用飞行器零部件、导弹发射架、航天飞机零部件、军事基地支持设备及头盔等，以及安全帽、食品加工设备、冷藏拖车内衬板和集装箱等。

　　2. 碳纤维

　　碳纤维是由有机纤维经固相反应转变而成的纤维状聚合物碳，属于一种非金属材料。它不属于有机纤维范畴，但从制法上看，它又不同于普通无机纤维。碳纤维的质量小、强度高、模量高、耐热性高、化学稳定性好。以碳纤维为增强剂的复合材料是为满足宇航、导弹、航空等部门的需要而发展起来的高性能材料，具有比钢强、比铝轻的特性，是一种目前最受重视的高性能材料之一。碳纤维在航空航天、军事、工业、体育器材等许多方面有着广泛的用途，也用做医用材料、密封材料、制动材料、电磁屏蔽材料和防热材料等，主要作为树脂、碳、金属、陶瓷、水泥基复合材料的增强体。图 2-11 所示为碳纤维及其制品。

图 2-11　碳纤维及其制品

（1）碳纤维的分类

国内外已商品化的碳纤维种类很多，一般可以根据原丝的类型、碳纤维的性能和用途进行分类。

① 根据碳纤维的力学性能分类。

A. 高性能碳纤维，包括高强度碳纤维、高模量碳纤维、中模量碳纤维等。

B. 低性能碳纤维，包括耐火纤维、碳质纤维、石墨纤维等。

② 根据原丝类型分类：聚丙烯腈基碳纤维、酚醛基碳纤维、沥青基碳纤维、纤维素基碳纤维、其他有机纤维基（各种天然纤维、再生纤维、缩合多环芳香族合成纤维）碳纤维。

③ 根据碳纤维功能分类：受力结构用碳纤维、耐焰碳纤维、活性炭纤维（吸附活性）、导电用碳纤维、润滑用碳纤维和耐磨用碳纤维。

（2）碳纤维的性能

碳纤维具有低密度、高强度、高模量、耐高温、抗化学腐蚀、低电阻、高热传导系数、低热膨胀系数、耐辐射等特性，此外还具有纤维的柔顺性和可编性，比强度和比模量优于其他无机纤维。碳纤维复合材料具有非常优良的 X 射线透过性，阻止中子透过性，还可赋予塑料以导电性和导热性。碳纤维的缺点是脆性、抗冲击性和高温抗氧化性差，价格昂贵。碳纤维的热膨胀系数与其他类型纤维不同，它有各向异性的特点，平行于纤维方向是负值（$-0.72 \times 10^{-6} \sim -0.90 \times 10^{-6} \mathrm{K}^{-1}$），而垂直于纤维方向是正值（$22 \times 10^{-6} \sim 32 \times 10^{-6} \mathrm{K}^{-1}$）。碳纤维的密度在 $1.5 \sim 2.0 \mathrm{g/cm^3}$，这除与原丝结构有关外，主要取决于碳化处理的温度。一般经过高温（3000℃）石墨化处理，密度可达 $2.0 \mathrm{g/cm^3}$。聚丙烯腈基碳纤维的种类与性能见表2-10。

表2-10 聚丙烯腈基碳纤维的种类与性能

类型	牌号	单丝数/根	密度/(g/cm³)	抗张强度/MPa	弹性模量/GPa	断裂伸长率/(%)
高强度	HTA	3,6,12	1.77	3650	235	1.5
高伸长	ST-3	3,6,12	1.77	4350	235	1.8
中模量	IM-400	3,6,12	1.75	4320	295	1.5
中模量	IM-500	6,12	1.76	5000	300	1.7
中模量	IM-600	12	1.81	5600	290	1.9
高模量	HM-35	3,6,12	1.79	2750	348	0.8
高模量	HM-40	6,12	1.83	2650	387	0.7
高强、高模	HMS-35	6,12	1.78	3500	350	1.0
高强、高模	HMS-40	6,12	1.84	3300	400	0.8
高强、高模	HMS-45	6	1.87	3250	430	0.7
高强、高模	HMS-50X	12	1.92	3100	490	0.6

碳纤维的比电阻与纤维的类型有关，在25℃时，高模量纤维为$775\mu\Omega\cdot cm$，高强度碳纤维为$1500\mu\Omega\cdot cm$。碳纤维的电动势为正值，而铝合金的电动势为负值。因此，当碳纤维复合材料与铝合金组合应用时，会发生电化学腐蚀。

（3）碳纤维的应用

由于碳纤维高温抗氧化性能和韧性较差，所以很少单独使用，主要用做各种复合材料的增强材料。主要用途有以下几个方面：

【碳纤维的应用】

① 航空航天方面应用。在航空工业中，碳纤维可以用做航空器的主承力结构材料，如主冀、层翼和机体；也可用于次承力构件，如方向舵、起落架、扰流板、副翼、发动机舱、整流罩及碳-碳制动片等。碳纤维可用作导弹防热及结构材料，如火箭喷嘴、鼻锥、防热层、卫星构架、天线、太阳能翼片底板、航天飞机机头、机翼前缘和舱门等。

碳纤维复合材料的使用还解决了许多技术关键问题。例如，在载人飞船的推力结构和导弹中采用碳纤维复合材料后，可使重心前移，从而提高命中精度，并解决了弹体的平衡问题。使用碳-碳复合材料作为导弹鼻锥时，烧蚀率低且烧蚀均匀，从而提高了导弹的突防能力和命中率。碳纤维增强的树脂基复合材料是宇宙飞行器喇叭天线的最佳材料，它能适应温度骤变的太空环境。

② 交通运输方面应用。碳纤维复合材料可用于汽车中不直接承受高温的各个部位，如传动轴、支架、底盘、保险杠、弹簧片、车体等。价格昂贵是阻碍汽车工业大量使用碳纤维复合材料的主要原因。碳纤维复合材料也可用于制造快艇、巡逻艇、鱼雷快艇等。

③ 运动器材。用碳纤维可制造网球拍、羽毛球拍、棒球杆、曲棍球杆、高尔夫球杆、自行车、滑雪板以及赛艇的壳体、桅杆、划水桨等。

④ 其他方面。碳纤维复合材料可用于化工耐腐蚀制品，如泵、阀、管道和贮罐，梁和建筑物的良好修补材料，它还广泛用于医疗器件和纺织机的部件。

3. 氧化铝纤维

氧化铝纤维是多晶陶瓷纤维，主要成分为氧化铝，并含有少量的 SiO_2、B_2O_3、Zr_2O_3、MgO 等组分。氧化铝纤维品种多，具有优异的绝缘、耐高温、抗氧化性能。制造氧化铝纤维的方法有多种，用不同的方法制造出的氧化铝纤维无论在形状、结构和性能上都有很大的差异。以下是两种典型的氧化铝纤维制造方法。

（1）熔融纺丝法

首先将氧化铝在电弧炉或电阻炉中熔融，用压缩空气或高压水蒸气等喷吹熔融液流，使之呈长短、粗细不均的短纤维，这种制造方法称为"喷吹工艺"。这种方法制造出来的纤维质量受压缩空气喷嘴的形状及气孔直径大小的影响。连续氧化铝纤维的制法是将钼制细管放入氧化铝熔池中，由于毛细现象，熔液升至钢管的顶部，在钼管顶部放置一个 α-Al_2O_3 晶核，以慢速（150mm/min）并连续稳定地向上拉引，即得到直径在 $50\sim500\mu m$（平均 $250\mu m$）的连续单晶氧化铝纤维，其化学组成为 100% 的 α-Al_2O_3 单晶。单晶氧化铝的密度大（$3.99\sim4.0g/cm^3$），当拉引速度为 150mm/min 时，拉伸强度达到 $2\sim4GPa$，拉伸模量为 460GPa。

（2）淤浆纺丝法

淤浆纺丝法是将直径在 $0.5\mu m$ 以上的 α-Al_2O_3 颗粒在增塑剂羟基氧化铝、少量的氯化镁和水组成的淤浆液中进行纺丝，然后在 1300℃ 的空气中烧结，就成为氧化铝多晶体纤维，再在 1500℃ 气体火焰中处理数秒，使晶粒之间烧结，得到连续的氧化铝纤维。用淤浆纺丝法可以获得高纯和致密的氧化铝纤维。为了弥补其表面缺陷，大大改善纤维与金属的浸润性与结合力，最后还需要在纤维表面覆盖一层 $0.1\mu m$ 厚的非晶态 SiO_2 膜。淤浆纺丝法制造的氧化铝纤维商品名为 FP-Al_2O_3。它是连续、多晶、束丝纤维，每束约 210 根，单丝直径约为 $19\mu m$。不同性能的 FP-Al_2O_3 纤维的用途不同，如强度为 1380MPa 的用于增强金属；强度为 1897MPa（具有 SiO_2 表面涂层）的用于增强塑料；强度为 2070MPa（未涂覆 SiO_2）的用于实验室研究。

氧化铝纤维具有优良的机械性能和耐热性能。氧化铝的熔点是 2040℃，但是，由于氧化铝从中间过渡态向稳定的 α-Al_2O_3 转变发生在 1000℃～1100℃，因此，由中间过渡态组成的纤维在该温度下由于结构和密度的变化，强度显著下降。因而在许多制备方法中将硅和硼的成分加入纺丝液中，控制这种转变，使纤维的耐热性提高。

氧化铝纤维可用做高性能复合材料的增强材料，特别是在增强金属、陶瓷领域有着广阔的应用前景。氧化铝纤维增强聚合物复合材料具有透波性、无色性等，有希望在电路板、电子电器器械、雷达罩和钓鱼竿等体育用品领域使用；氧化铝增强金属时，由于它与金属相容性好，可考虑使用成本较低的熔浸技术，制造如飞机部件、汽车部件、电池（Al_2O_3/Pb）、化学反应器等。氧化铝增强陶瓷在工业中应用，尚需要进一步研究与开发。

4. 碳化硅纤维

碳化硅纤维是典型的陶瓷纤维，在形态上有晶须和连续纤维两种。连续碳化硅纤维制备工艺主要分为两种：一种是用化学气相沉积法制得的碳化硅纤维，即在连续的钨丝或碳丝芯材上沉积碳化硅；另一种是用先驱体转化法制得的连续碳化硅纤维。化学气相沉积法生产的碳化硅纤维是直径为 $95\sim140\mu m$ 的单丝，而先驱体转化法生产的碳化硅纤维是直径为 $10\mu m$ 的细纤维，一般由 500 根纤维组成的丝束为商品。由碳化硅纤维增强的金属基（钛基）复合材料、陶瓷基复合材料是 21 世纪航空航天及高技术领域的新材料。

(1) 碳化硅纤维的性能

碳化硅纤维有如下的性能特点：①拉伸强度和模量大，密度小；②优良的耐热性能，在氧化性气氛中可长期在 1100℃ 使用，在 1000℃ 以下，其力学性能基本不变，当温度超过 1300℃ 时，性能才开始下降，是耐高温的好材料；③良好的耐化学性能，在 80℃ 下耐强酸（HCl、H_2SO_4、HNO_3），用 30%NaOH 浸蚀 20 h 后，纤维仅失重 1% 以下，力学性能仍不变，它与金属在 1000℃ 以下不发生反应，而且有很好的浸润性，有益于金属复合；④耐辐照和吸波性能好，碳化硅纤维在通量为 3.2×10^{10} 中子$/(cm^2\cdot s)$ 的快中子辐照 1.5h 或以能量为 10^5 电子伏特（eV），200ns 的强脉冲 γ 射线照射下，碳化硅纤维强度均无明显降低；⑤具有半导体性质，根据处理温度不同可以控制不同导电性。

(2) 碳化硅纤维的应用

碳化硅纤维主要用于增强金属和陶瓷，制成耐高温的金属或陶瓷基复合材料，已在空间和军事工程中得到应用。碳化硅纤维增强聚合物基复合材料可以吸收或透过部分雷达波，已作为雷达天线罩、火箭、导弹和飞机等飞行器部件的隐身结构材料，以及航空航天、汽车工业的结构材料与耐热材料。碳化硅纤维具有耐高温、耐腐蚀、耐辐射性能，是一种耐热的理想材料。用碳化硅纤维编织成双向和三向织物，已用于高温的传送带、过滤材料，如汽车的废气过滤器等。碳化硅复合材料已应用于喷气发动机涡轮叶片、飞机螺旋桨等受力部件主动轴等。在军事上，碳化硅纤维用于大口径军用步枪的金属基复合枪筒套管、M-1 作战坦克履带、火箭推进剂传送系统、先进战术战斗机的垂直安定面、导弹层部、火箭发动机外壳和鱼雷壳体等。

碳化硅纤维的制备工艺复杂，导致成本较高，价格昂贵，应用还不广泛。

5. 硼纤维

硼纤维是一种新型的无机纤维，其英文名称为 Boronic Filament，实际上它是一种复合纤维。硼纤维通常以钨丝和石英为芯材，采用化学气相沉积法制取。最早开发研制硼纤维的美国空军增强材料研究室，其研究目的是制出轻质、高强度增强用纤维材料，用来制造高性能体系的尖端飞机。随后，又以 Textron Systems 公司为中心，面向商业规模生产并继续研发。该公司将硼纤维与环氧树脂进行复合制成 BFRP，以及与金属铝等复合制成 FRM，面向飞机、宇航用品、体育娱乐用品以及工业用品等方面进行应用研究。现在能生产硼纤维的国家有瑞士、美国、日本等。

(1) 硼纤维的性能

硼是以共价键结合，其硬度仅次于金刚石，把硼直接做成纤维非常困难，硼纤维通常是以石英和钨丝为芯材，采用化学气相沉积法在上面包覆硼得到的复合纤维，因此直径较粗，一般在 $100\mu m$ 左右，密度为 $2.62 g/mm^3$，熔点为 $2050℃$。弹性模量比玻璃钢高5倍，断裂强度可达 $280\sim350 kgf/mm^2$（$1kgf/cm^2=98066.5Pa$），几乎不受酸、碱和多数有机溶剂的侵蚀，电绝缘性良好，有吸收中子的能力。硼纤维质地柔软，属于耐高温的无机纤维。

硼纤维作为尖端复合材料的增强材料开发出来，目的是在弹性模量方面超过原有的玻璃纤维。硼纤维的特点是弹性模量高（$392000\sim411600MPa$），但密度只有钢材的 1/4，尤其是它的抗压强度是其抗拉强度的2倍（$6900MPa$），是其他增强纤维中尚未看到的。硼纤维具有优良的耐热性，可与金属、塑料或陶瓷制成复合材料，用于航天、军工等部门作为高温结构材料使用。

硼纤维在和金属复合时，与金属基体之间润湿性较好，而且反应性比较低；纤维直径较大，因而操作简便。其缺点是由于纤维直径较大，制成复合材料时纤维纵向容易断裂，而且价格也贵。采用新的小直径硼纤维（$76.2\mu m$）及硼-碳纤维环氧树脂预浸带用于加强低熔点铝合金是 B/Al 复合材料新的研究热点之一。已开发的小直径硼纤维的优点是更容易弯曲和处理，与标准的单纤维（101.26m）相比，抗拉强度增加约 20%，且仍保留了硼纤维固有的高的压缩性能。硼纤维在高温下能与大多数金属起反应而变脆，使用温度超过 $1200℃$ 时强度下降。

硼是活性半金属元素，在常温下为惰性物，除了与铝、镁很难发生反应以外，与其他金属很容易发生化学反应，为了稳定其性能，纤维表面需预先涂覆 B_4C、SiC 涂层，以提高惰性。如与铝复合时，为了避免高温时硼和熔融状态下的铝起反应，硼纤维表面预先涂覆一层 SiC。此法也适用于钛基体。

(2) 硼纤维的应用

① 航空航天复合材料领域。在航空方面，硼纤维主要用作飞机的零部件。例如，美国空军飞机 F-15 和海军飞机 F-14 的垂直尾翼、稳定器、B-1 飞机翅纵向通材、直升机 CH-54B 方向舵、707 飞机襟翼等都使用硼纤维增强环氧树脂复合材料。由硼纤维和铝制成的复合管材，可用作直升飞机的主要结构零件、框架和机壳。作为更进一步的应用，采用硼纤维增强环氧树脂带材对飞机金属机体的修补。在航天方面，硼纤维可用作航天器的结构件。采用硼纤维与碳纤维混杂结构，具有很高的刚性，使热膨胀系数趋近0，适应宇宙苛刻的环境变化需要。

② 体育用品复合材料领域。在多数情况下，都是将硼纤维与碳纤维制成混杂纤维复合材料用于体育及娱乐用品，例如，由硼纤维与碳纤维混杂纤维制成高尔夫球杆，既像单一碳纤维球棒那样轻，又有钢制球棒那样的打球感，使高尔夫球的飞行距离及飞行方向都很优异；在钓鱼用具方面，采用硼纤维的鱼竿，其振动传递性强，反应灵敏，还难折断。

③ 工业制品复合材料领域。利用硼纤维的高导热性和低热膨胀系数等特点，制成硼纤维增强铝合金复合材料，可用作半导体用冷却基板；利用硼纤维的高努氏硬度（$3200kgf/mm^2$），开发面向录音剪辑材料及车轮等制品方面的应用。硼纤维还具有吸收中子的能力，可适用于核废料搬运及储存用容器。

2.2.2 有机纤维

1. 芳纶纤维

聚合物大分子的主链由芳香环和酰胺键构成,其中至少有85%的酰胺基直接键合在芳香环上,每个重复单元的酰胺基中的氮原子和碳基直接与芳香环中的碳原子相连接,并置换其中一个氢原子的聚合物,称为"芳香族聚酰胺树脂"。由芳香族聚酰胺树脂纺成的纤维,称为"芳纶",国外称为"芳酰胺纤维"。芳纶纤维就是目前已工业化生产并广泛应用的聚芳酰胺纤维,在复合材料中应用最普遍的是聚对苯二甲酰对苯二胺(PPTA)纤维,例如我国的芳纶Ⅱ(1414),美国的PPTA纤维是Kevlar系列,牌号有Kevlar-29、Kevlar-49、Kevlar-149等。

(1) 芳纶纤维的性能

① 优点。芳纶纤维具有优异的拉伸强度和拉伸模量,优良的减振性、耐磨性、耐冲击性、抗疲劳性、尺寸稳定性、耐化学腐蚀性(但不耐强酸和强碱),低热膨胀系数、低导热系数,不燃不熔,电绝缘,透电磁波,以及密度小(1.44g/cm³)的特点。芳纶在真空中长期使用温度为160℃,温度低至-60℃也不变脆,玻璃化转变温度T_g为250℃~400℃,热膨胀系数低(300℃以下为负值)。芳纶纤维的单丝强度可达3773MPa;254mm长的纤维束的拉伸强度为2744MPa,约为铝的5倍。芳纶纤维的耐冲击性约为石墨纤维的6倍、硼纤维的3倍、玻璃纤维的0.8倍。芳纶纤维的断裂伸长率在3%左右,接近玻璃纤维,高于其他纤维;用芳纶纤维与碳纤维混杂,能大大提高纤维复合材料的冲击性能。芳纶纤维的基本性能见表2-11。

表2-11 芳纶纤维的基本性能

性　　能	Kevlar-29	Kevlar-49	Kevlar-149
密度/(g/cm³)	1.44	1.44	1.47
吸水率/(%)	7	3.5	1.2
拉伸强度/MPa	2900	2900	2400
断裂应变/(%)	3.6	1.9	1.5
分解温度/℃	约500	约500	约500

② 缺点。热膨胀系数具有各向异性;耐光性差,暴露于可见光和紫外线时会产生光致降解,使其力学性能下降和颜色变化,用高吸收率材料对比Kevlar增强聚合物基复合材料作表面涂层,可以减缓其光致降解;溶解性差;抗压强度低;吸湿性强,吸湿后纤维性能变化大,因此,应密封保存,在制备复合材料前应增加烘干工序。

(2) 芳纶纤维的应用

目前,芳纶纤维总产量的43%用于轮胎的帘子线(Kevlar-29),31%用于复合材料,17.5%用于绳索类和防弹衣,8.5%用于其他。图2-12所示为芳纶纤维及其制品。

图 2-12 芳纶纤维及其制品

① 航空航天方面的应用。芳纶纤维的比强度、比模量优于高强度玻璃纤维，作为航空航天用复合材料的增强材料，应用于火箭发动机壳体、压力容器、各种整流罩、窗框、天花板、隔板、地板、舱壁、舱门、行李架、座椅、机翼前缘、方向舵、安定面翼尖、尾锥和应急出口系统构件等。以芳纶-环氧无纺布和薄铝板交叠铺层，经热压而成的 ARALL 超混复合层板是一种具有许多超混杂优异性能的新型航空结构材料。芳纶纤维的比强度和比模量都高于优等铝合金材料，疲劳寿命是铝的 100～1000 倍。阻尼和隔音性能也较铝好，机械加工性能比芳纶复合材料好。美国的 MX 陆基洲际导弹的三级发动机和新型潜地"三叉戟Ⅱ" D5 导弹的第三级发动机都采用了 Kevlar 纤维增强的环氧树脂缠绕壳体。20 世纪苏联的 SS-24、SS-25 机动洲际导弹各级发动机也都采用了芳纶壳体。芳纶纤维还应用于航空航天领域耐热隔热的功能材料，如芳纶短切纤维增强的三元乙丙橡胶基复合材料的软片或带材，作为发动机的内绝热层。

② 船艇方面的应用。芳纶纤维在造船工业中应用于游艇、赛艇、帆船、小型渔船、救生艇、充气船、巡逻艇的船壳材料，战舰及航空母舰的防护装甲以及声呐导流罩等。与玻璃纤维制造的船相比，采用芳纶纤维制造的船，船体质量减轻 28%，整船质量减轻 16%；消耗同样燃料时，速度提高 35%，航行距离也延长了 35%。用芳纶纤维制造的船，尽管一次性投资较贵，但因节约燃料，在经济上是合算的。

③ 汽车上的应用。用芳纶纤维制造汽车具有明显的节省燃料的效果，同时也大大提高纤维的性能。使用芳纶纤维代替玻璃纤维在赛车上应用，质量可减轻 40%，同时提高了耐冲击性、振动衰减性和耐久性。芳纶纤维常用于缓冲器、门梁、变速器支架、压簧、传动轴等汽车部件。用芳纶纤维作为轮胎帘子线，具有承载高、质量轻、噪声低、高速性能好、滚动阻力小、磨耗低以及产生热量少等优点，特别适用于高速轮胎。它的橡胶基和树脂基复合材料用做高压软管、排气管、摩擦材料和制动片、三角皮带、同步齿轮、大型运输车和冷藏车的车厢，以及电动汽车储能飞轮。

④ 防弹制品的应用。芳纶复合材料板、芳纶与金属或陶瓷的复合装甲板已广泛用于

装甲车、防弹运钞车、直升机防弹板、舰艇装甲防护板,也用于制造防弹头盔。用芳纶纤维可以制成软质防弹背心,具有优良的防弹效果。

⑤ 建筑材料方面的应用。芳纶纤维可直接用于增强混凝土,具有较好的增强效果。用芳纶连续纤维作为加强筋,加入混凝土或上述短纤维增强的混凝土中代替钢筋;也可将连续纤维编织物增强环氧的网状固化物铺入混凝土内进行加强。用它增强的混凝土具有强度高、质量轻、耐腐蚀和寿命长等特点,特别适用于桥梁、桥墩、码头、高楼壁板及大型建筑物及它们的修复、海洋工程结构、化工厂设施等。

⑥ 其他方面的应用。芳纶纤维做成的绳索,比涤纶绳索强度高一倍,比钢绳索高50%,而且质量减轻4~5倍。芳纶纤维可用做降落伞绳、舰船及码头用缆绳、海上油田用支撑绳等。芳纶增强的橡胶传送带能用于煤矿、采石场和港口,也可用于食品烘干线传送带。芳纶纤维织物可用做特种防护织物,如消防服、赛车服、运动服、手套等产品。芳纶纤维可用于制造曲棍球棒、高尔夫球杆、网球拍、标枪、钓鱼竿、滑雪板以及自行车架等。芳纶纤维还应用于特种防护服装,如对位芳纶和间位芳纶或芳砜纶混纺织物可用于防火和消防工作服;芳纶布用于森林伐木工作服、赛车服、运动服、手套和袜子等。

2. 超高分子量聚乙烯纤维

超高分子量聚乙烯纤维(Ultra-high Molecular Weight Polythylene Fiber,简称为UHMWPE纤维)是指平均分子量在150万以上的聚乙烯所纺出的纤维。工业上多采用300万左右分子量的聚乙烯。超高分子量聚乙烯纤维相对密度低(0.97)、比强度高、比模量高,而且能量吸收性能和阻尼性能比Kevlar纤维优越,弥补了高性能碳纤维、碳化硅纤维等断裂应变小的弱点,在现代化的战争和宇航、航空航天、海域、防御装备等领域发挥着举足轻重的作用。此外,超高分子量聚乙烯纤维在汽车、船舶制造、医疗器械、体育运动器材等领域也有广阔的应用前景。因此,超高分子量聚乙烯纤维一经问世便引起了发达国家的极大兴趣和重视,发展很快。图2-13所示为超高分子量聚乙烯纤维及其制品。

图2-13 超高分子量聚乙烯纤维及其制品

(1) 超高分子量聚乙烯纤维的性能
① 优良的力学性能。超高分子量聚乙烯纤维经凝胶热拉伸后,分子链完全伸展,纤

维内部高度取向和高度结晶，使其强度、模量大为提高，是目前高性能纤维中比模量、比强度最高的纤维，其比强度比钢高14倍，比高强度碳纤维高两倍，比对位芳酰胺纤维高40%。

② 优越的耐化学介质性和环境稳定性。超高分子量聚乙烯纤维是一种非极性纤维，分子链中不含极性基团，其表面会在拉伸应力下产生一层弱界面层（10～100nm），因而纤维表面呈化学惰性，对酸、碱、一般化学药品和有机溶剂有很强的抗腐蚀能力；由于分子链上不含不饱和基体，超高分子量聚乙烯纤维的耐光、耐老化性能优良，环境稳定性异常优越。

③ 优异的耐冲击性和防弹性能。防弹材料的防弹性能是以该材料对弹丸或碎片能量的吸收程度来衡量。而防弹材料的能量吸收是受材料的结构和特性影响的。纤维的密度、韧性、比模量及断裂伸长率都影响纤维的防弹效果。由于超高分子量聚乙烯纤维的高模量、高韧性，使其具有相应高的断裂能和高传播声速，防弹性能好。

④ 其他性能。超高分子量聚乙烯纤维还具有良好的疏水性、抗紫外线性、自润滑性和耐磨性，且抗霉性、耐疲劳性好，柔软，有较好的挠曲寿命，低温性能突出，在-150℃时也无脆化点，所以该纤维的使用温度范围宽（-150℃～100℃），在较高的温度下会引起性能的降低；由于其主链的氢原子含量高，因而防中子、防γ射线性能优良。

（2）超高分子量聚乙烯纤维的应用

【超高分子量聚乙烯纤维的应用】

超高分子量聚乙烯纤维除了在现代化战争、宇航、航空航天、海域、防御装备等方面发挥了重要作用外，由于其具有良好的纺织加工性能，还适用于机织、针织、编织、无纺织物及复合纺丝等加工。

超高分子量聚乙烯纤维及织物经表面处理可改善其与聚合物树脂基体的黏合性能而达到增强复合材料的效果。超高分子量聚乙烯纤维作为增强材料的加入可大幅度减轻质量、提高冲击强度、改善消振性，在防护性护板、防弹背心、防护用头盔、飞机结构部件、坦克的防碎片内衬等方面均有较大的实用价值。此外，用超高分子量聚乙烯纤维增强的复合材料具有较好的介电性能，抗屏蔽效果也优异，因此，可用作无线电发射装置的天线整流罩、光纤电缆加强芯、X射线室工作台等。

【尼龙纤维】

3. 尼龙纤维

尼龙纤维是合成纤维中主要的品种，也是最早开发的纤维，又称锦纶。1935年，美国化学家华莱士·卡罗泽斯发明了尼龙66，作为最早的合成纤维实现了工业化生产。1950年，日本的东洋人造丝公司（现名为东丽公司）成功地进行了尼龙66的生产。自1935年由美国杜邦公司发明尼龙纤维以来，在此后的30年间尼龙纤维产量呈指数增长。1972年，聚酯纤维取代了尼龙纤维地位，产量居合成纤维的首位。此后尼龙纤维的产量增长十分缓慢，各地区发展很不平衡，目前仅在中国及东南亚地区还保持较高的增长速度。在许多传统市场，尼龙纤维受到聚酯纤维、聚烯烃纤维的冲击已逐渐失去了优势。

（1）尼龙纤维的性能

① 耐磨性。尼龙纤维的耐磨性是所有纤维中最好的，在相同条件下，其耐磨性为棉

花的 10 倍，羊毛的 20 倍，黏胶纤维的 50 倍，如在毛纺或棉纺中掺入 15%的尼龙纤维，则其耐磨度比纯羊毛料或纯棉面料提高 3 倍。

② 断裂强度。衣料用途的尼龙纤维长纤的断裂强度为 5.0～6.4g/d，产业用的高强力丝则为 7～9.5g/d 甚至更高，其湿润状态的断裂强度为干燥状态的 85%～90%。

③ 断裂伸度。尼龙纤维的断裂伸度依据品种不同而有所差异，强力丝的伸度较低，在 10%～25%，一般衣料用丝为 25%～40%，其湿润状态的断裂伸度比干燥状态高 3%～5%。

④ 弹性回复率。尼龙纤维的回弹性极佳，长纤维的伸度为 10%时，其弹性回复率为 99%，而聚酯纤维在相同的状况下为 67%，黏胶纤维则仅为 32%。由于尼龙纤维的弹性回复率好，因此其耐疲劳性也佳，其耐疲劳性与聚酯纤维接近而高于其他化学纤维及天然纤维，在相同的试验条件下尼龙纤维的耐疲劳性比棉纤维高 7～8 倍，比黏胶纤维高几十倍。

⑤ 吸湿性。尼龙纤维的吸湿性比天然纤维和黏胶纤维低，但在合成纤维中仅次于聚乙烯醇缩醛纤维（PVA，维纶）而高于其他合成纤维。尼龙 66 在温度为 20℃、相对湿度为 65%时的含水率为 3.4%～3.8%，尼龙 6 则为 3.4%～5.0%，故尼龙 6 的吸湿性略高于尼龙 66。

⑥ 耐热性。尼龙纤维的耐热性不佳，在 150℃时历经 5h 变黄，170℃开始软化，到 215℃开始熔化。尼龙 66 的耐热性较尼龙 6 好，其安全温度分布为 130℃和 90℃，热定型温度最高不超过 150℃，最好在 120℃以下。但尼龙纤维耐低温性佳，即使在 -70℃的低温下使用，其弹性回复率也变化不大。

⑦ 耐化学品性。尼龙纤维的耐碱性佳，但耐酸性较差，在一般室温条件下，其可耐 7%的盐酸、20%的硫酸、10%的硝酸、50%的烧碱溶液浸泡。因此，尼龙纤维适用于防腐蚀工作服。另外，尼龙纤维可用作渔网，不怕海水侵蚀，尼龙渔网比一般渔网寿命长 3～4 倍。

(2) 尼龙纤维的缺点

尼龙纤维耐旋光性差，如在室外长时间受日照时，则易变黄，强度下降；与聚酯纤维相比其保形性较差，因此织物不够挺拔；还有其纤维表面光滑，较有蜡感。关于尼龙纤维的这些缺点，近年来已研究出各种改善措施，如加入耐光剂以改善耐旋光性，或制成异性断面以改善外观及光泽，以 DTY 或 ATY 加工或与其他纤维混纺或交织，以改善手感。

(3) 尼龙纤维的应用

尼龙 66 和尼龙 6，两者都可用作长纤维和短纤维。尼龙用作工程塑料时，掺混填充物、颜料、玻璃纤维或增韧剂，以提高性能。尼龙 6 的最大消费市场在汽车行业，也有部分尼龙 6 用于包装薄膜的生产，玻璃纤维增强尼龙还可用作生产液体储存器；尼龙 66 也主要用于汽车工业，广泛用于散热器、发动机等部件的生产；尼龙 12 和尼龙 11 因吸水性低、黏结性能好，多用于汽车软管和热熔胶的生产。

电子电气领域是尼龙 6 及其复合材料的第二大消费市场。尼龙 6 经过玻璃纤维、阻燃、增韧处理后，材料强度、阻燃性、电绝缘性、耐漏电等性能得到提高，可用于生产变压器骨架、接线座、固定夹、开关、保险盒、端子、导线夹、各种电动工具外壳、内部件等电气部件，而机械工业中的许多大型部件，如轴套、底板、大型车床挡板、大口径管道连接件是尼龙6的专有领域。

4. 麻纤维

【麻纤维】

用于复合材料的天然麻纤维包括大麻纤维、黄麻纤维、亚麻纤维和剑麻纤维。随着全球环保意识的增强和"绿色工程"的兴起，以及人们对麻纤维优良性能的不断认识，麻纤维产业用纺织品的开发应用越来越受到国内外纺织业的关注。麻纤维是天然纤维中长度最长的。纤维的结晶度、取向度、纵向弹性模量较高，吸湿与散湿快，耐磨，断裂强度较高而湿强度更高，断裂伸长率极低等，很适合作树脂基复合材料的增强体。其结构表现出了典型的复合材料特征。麻纤维是可再生资源，可自然降解，不会对环境构成负担。近几年国内外掀起了研究各种麻纤维复合材料的热潮，有些国家已经进入产业化阶段，我国尚处于研究探索阶段。众所周知，我国是世界上麻类资源最丰富的国家，有着别国难以企及的资源优势。世界上主要麻类作物的优良特性正好满足了人们追求自然、绿色、环保的要求。麻纤维复合材料的开发，具有广阔的市场前景。

2.2.3 晶须

晶须是以单晶结构生长的直径小于 $3\mu m$ 的短纤维。它的内部结构完整，原子排列高度有序，晶体中缺陷少，是目前纤维中强度最高的一种，强度接近于相邻原子间成键力的理论值。晶须可用作高性能复合材料的增强材料，增强金属、陶瓷和聚合物。常见的晶须有金属晶须（如铁晶须、铜晶须、镍晶须、铬晶须等）和陶瓷晶须（如碳化硅晶须、氧化铝晶须、氮化硅晶须等）。

1. 晶须的性能

晶须没有显著的疲劳效应，切断、磨粉或其他的施工操作，都不会降低其强度；具有比纤维增强体更优异的高温性能和抗蠕变性能。它的延伸率与玻璃纤维接近，弹性模量与硼纤维相当。氧化铝晶须在2070℃高温下，仍能保持7000MPa的拉伸强度。碳化硅晶须具有优良的力学性能，如高强度、高模量、耐腐蚀、抗高温、密度小；与金属基体润湿性好，与树脂基体黏结性好，易于制备金属基、陶瓷基、树脂基及玻璃基复合材料；其复合材料具有质量轻、比强度高、耐磨等特性，因此应用范围较广。碳晶须在空气中可耐700℃高温，在惰性气体中可耐3000℃高温，而且热膨胀系数小，受中子照射后尺寸变化小，耐磨性和自润滑性优良。几种常见晶须的性能见表2-12。

表2-12 几种常见晶须的性能

类 型	密度 /(g/cm³)	熔点 /℃	拉伸强度 /GPa	比强度 /(10⁶ m²/s²)	弹性模量 /10² GPa	比模量 /(10⁸ m²/s²)
Al_2O_3	3.96	2040	21	54	4.3	11
BeO	2.85	2570	13	47	3.5	13

（续）

类　　型	密度 /(g/cm³)	熔点 /℃	拉伸强度 /GPa	比强度 /(10⁶ m²/s²)	弹性模量 /10² GPa	比模量 /(10⁸ m²/s²)
B₄C	2.52	2450	14	57	4.9	2
SiC	3.18	2690	21	67	4.9	16
Si₃N₄	3.18	1960	14	45	3.8	12
C(石墨)	1.66	3650	20	123	7.1	44
K₂O(TiO₂)ₙ	—	—	7	—	2.8	—
Cr	7.2	1890	9	13	2.4	3.4
Cu	8.91	1080	3.3	3.8	1.2	1.4
Fe	7.83	1540	13	17	2.0	2.6
Ni	8.97	1450	3.9	4.4	2.1	2.4

2. 晶须的应用

钛酸钾晶须有 6-钛酸钾和 4-钛酸钾两种结晶结构。6-钛酸钾结构特殊，具有优异的耐热性、耐碱性和耐酸性等，可作为聚合物基复合材料的增强材料。4-钛酸钾晶须的化学活性大，主要用于阳离子吸附材料和催化剂载体材料。钛酸钾晶须分散性好、难折，在复合材料成型时对金属模具的磨损小，价格便宜。钛酸钾晶须耐老化性好，有良好的抗磨损性能，可以代替石棉制作汽车的制动器、离合器。钛酸钾晶须细、难折，在制备钛酸钾晶须增强热塑性复合材料工艺过程中，熔融树脂的速度上升不快，成型后纤维长度几乎不变短，可以像无填料的树脂一样利用注射和压铸工艺成型形状复杂的制品。钛酸钾晶须较软，对成型加工设备和金属模具的磨损小，可以用硅烷偶联剂对晶须进行表面处理，进一步改善制品的加工性和物理性能。钛酸钾晶须增强树脂的制品与纯树脂制品的表面一样平滑。

碳晶须是非金属晶须。碳含量 99.5%，氢含量 0.15%，呈针状单晶，直径从亚微米到几微米，长度为几毫米到几百毫米，并具有高度的结晶完整性。碳晶须作为高性能复合材料增强体，可增强金属、橡胶和水泥；可作为电子材料、原子能工业材料应用。

用晶须制备的复合材料具有质量轻、比强度高、耐磨等特点，在航空航天领域，可用做直升机的旋翼，飞机的机翼、尾翼、空间壳体、起落架及其他宇宙航天部件，在其他工业方面可用在耐磨部件上。

在建筑业，用晶须增强塑料，可以获得截面极薄、抗拉强度和破坏耐力很高的构件。

在机械工业中，陶瓷基晶须复合材料 SiC_w/Al_2O_3 已用于切削刀具，在镍基耐热合金的加工中发挥作用；塑料基晶须复合材料可用于零部件的连结接头，或局部增强零件的某些应力集中承载力大的关键部位、间隙增强和硬化表面。

在汽车工业中，玻璃晶须复合材料 SiC_w/SiO_2 已用作汽车热交换器的支管内衬。发动机活塞的耐磨部件已采用 SiC_w/Al 材料，大大提高了使用寿命。晶须塑料复合材料汽车车身和基本构件正在研究开发中。

作为生物医学材料，晶须复合材料已试用于牙齿、骨骼等。图 2-14 所示为碳化硅晶须及其制品。

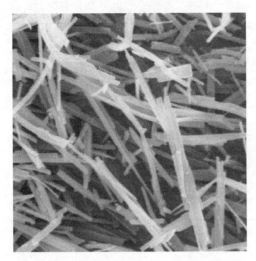

图 2-14 碳化硅晶须及其制品

2.2.4 颗粒增强体

用于改善复合材料的力学性能，提高断裂韧性、耐磨性和硬度，以及增强耐腐蚀性能的颗粒状材料，称为颗粒增强体。

颗粒增强体可以通过三种机制产生增韧效果：①当材料受到破坏应力时，裂纹尖端处的颗粒发生显著的物理变化（如晶型转变、体积改变、微裂纹产生与增殖等），它们均能消耗能量，从而提高了复合材料的韧性，这种增韧机制称为"相变增韧"和"微裂纹增韧"，其典型例子是四方晶相 ZrO_2 颗粒的相变增韧；②复合材料中的第二相颗粒使裂纹扩展路径发生改变（如裂纹偏转、弯曲、分叉、裂纹桥接或裂纹钉扎等），从而产生增韧效果；③以上两种机制同时发生，此时称为"复合增韧"。

颗粒增强体按照颗粒增强复合材料的基体不同，可以分为颗粒弥散强化陶瓷、颗粒增强金属和颗粒增强聚合物。颗粒在聚合物中还可以用做填料，目的是降低成本，提高导电性、屏蔽性或耐磨性。

用于复合材料的颗粒增强体主要有 SiC、TiC、B_4C、WC、Al_2O_3、MoS_2、Si_3N_4、TiB_2、BN、$CaCO_3$、C（石墨）等。Al_2O_3、SiC 和 Si_3N_4 等常用于金属基和陶瓷基复合材料，C（石墨）和 $CaCO_3$ 等常用于聚合物基复合材料。例如，Al_2O_3、SiC、B_4C 和 C（石墨）等颗粒已用于增强铝基、镁基复合材料，而 TiC、TiB_2 等颗粒已用于增强钛基复合材料。常用的颗粒增强体的性能见表 2-13。

表 2-13 常用颗粒增强体性能

类　　型	密度 /(g/cm³)	熔点 /℃	热膨胀系数 /(10⁻⁶K⁻¹)	热导率 /[W/(m·K)]	硬度 /(9.8N/mm²)	弯曲强度 /MPa	弹性模量 /GPa
碳化硅（SiC）	3.21	2700	4.0	75.31	2700	400～500	
碳化硼（B₄C）	2.52	2450	5.73		3000	300～500	260～460
碳化钛（TiC）	4.92	3200	7.4		2600		
氧化铝（Al₂O₃）		2050	9.0				
氮化硅（Si₃N₄）	3.2～3.35	2100 分解	2.5～3.2	12.55～29.29	89～93HRA	900	330
莫来石（Al₂O₃·SiO₂）	3.17	1850	4.2		3250	约 1200	
硼化钛（TiB₂）	4.5	2980					

按照变形性能，颗粒增强体可以分为刚性颗粒和延性颗粒两种。刚性颗粒主要是陶瓷颗粒，其特点是高弹性模量、高拉伸强度、高硬度、高的热稳定性和化学稳定性。刚性颗粒增强的复合材料具有较好的高温力学性能，是制造切削刀具[如碳化钨/钴（WC_p/Co）复合材料]、高速轴承零件、热结构零部件等的优良候选材料；延性颗粒主要是金属颗粒，加入陶瓷、玻璃和微晶玻璃等脆性基体中，目的是增加基体材料的韧性。颗粒增强复合材料的力学性能取决于颗粒的形貌、直径、结晶完整度和颗粒在复合材料中的分布情况及体积分数。

碳化硅颗粒的硬度高（莫氏硬度 9.2～9.5），β-SiC 颗粒的热膨胀系数为 $4.5×10^{-6}K^{-1}$，具有负电阻温度系数。碳化硅颗粒的表面常有一薄层氧化物（SiO_2）妨碍烧结，在制造陶瓷基复合材料时，可用 AlN、BN、$BeSiN_2$ 或 $MgSN_2$ 等共价键材料作为烧结促进剂，如用 10%（质量分数）AlN 作为碳化硅颗粒的烧结促进剂时，可以提高产品的致密度和韧性。由于碳化硅与金属的相容性好，所以碳化硅颗粒增强金属铝可以采用成本相对较低的液态浸渗工艺制造，在航空航天、电子、光学仪表和民用领域具有广泛的应用前景。图 2-15 所示为碳化硅颗粒及其制品。

图 2-15 碳化硅颗粒及其制品

高强度氮化硅颗粒主要作为氮化硅陶瓷、多相陶瓷的基体和其他陶瓷基体的增强体使用。氮化硅颗粒增强陶瓷基复合材料应用于涡轮发动机的定子叶片、热气通道元件、涡轮增压器转子、火箭喷管、内燃发动机零件、高温热结构零部件、切削工具、轴承、雷达天线罩、热保护系统、核材料的支架、隔板等高技术领域。

硼化钛颗粒熔点为2980℃，显微硬度为3370，电阻率为15.2~28.451Ω·cm，具有耐磨损性和耐腐蚀性，被用来增强金属铝和增强碳化硅、碳化钛和碳化硼陶瓷。硼化钛颗粒增强陶瓷基复合材料具有卓越的耐磨性、高韧性和高温稳定性，已用于制造切削刀具、加热设备和点火装置的电导部件以及超高温条件下工作的耐磨结构件。

氧化铝颗粒用于增强金属铝、镁和钛合金，这类复合材料可望在内燃发动机上应用。

此外，氮化铝颗粒和石墨颗粒用于增强金属铝，具有较高的硬度和拉伸强度，且不降低金属的电导率和热导率，可以作为电子封装材料。

复习思考题

1. 复合材料基体有哪些，性能如何？
2. 按基体分类的复合材料分别应用在什么领域？
3. 复合材料增强体有哪些，性能如何？
4. 各类增强体复合材料分别应用在什么领域？

拓展阅读

哈尔滨哈飞空客复合材料制造中心有限公司

哈尔滨哈飞空客复合材料制造中心有限公司为哈飞集团及其合作伙伴与空客中国合资设立，设立合资公司的目的是在哈尔滨建立一家制造中心，为空客 A350 XWB 及空客 A320 系列飞机制造复合材料零部件，以及参与其他现行及未来空客飞机项目的工业化及批量生产。制造中心采用空客生产工艺及流程，产品满足空客的质量要求，员工按空客要求进行培训。公司设立在哈尔滨开发区。

资料来源：http://special.zhaopin.com/heb/2012/hfkk031674/careers.htm.

第3章 复合材料的界面

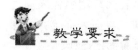

教 学 目 标	知 识 要 点
掌握复合材料界面概念，理解界面重要性	复合材料界面
了解聚合物基复合材料界面及改性方法	树脂基体对增强材料的浸润程度、适度界面结合强度、降低复合材料成型中的残余应力、调节界面内应力和减缓应力集中
了解金属基复合材料界面及改性方法	界面结构及界面反应、界面对性能的影响、界面改性的方法
了解复合材料界面表征	界面形态及界面层结构的表征、界面结合强度的表征、衍射法对界面残余应力的表征、增强体表面性能的表征

3.1 复合材料界面的概念

21世纪对材料的要求是多样化的，复合材料的研制开发将有很大发展，而复合材料整体性能的优劣与复合材料界面结构和性能关系密切。聚合物基复合材料界面、金属基复合材料界面以及对界面的优化设计是研究和开发复合材料的重要方面。

【复合材料界面的概念】

复合材料是由两种或两种以上不同物理、化学性质的以微观或宏观的形式复合而组成的多相材料。复合材料中增强体与基体接触构成的界面，是一层具有一定厚度（纳米以上）、结构随基体和增强体而异的、与基体有明显差别的新相——界面相（界面层）。它是增强相和基体相连接的"纽带"，也是应力及其他信息传递的桥梁。界面是复合材料极为重要的微结构，其结构与性能直接影响复合材料的性能。复合材料中的增强相无论是晶须、颗粒还是纤维，与基体在成型过程中将会发生程度不同的相互作用和界面反应，形成各种结构的界面。因此，深入研究界面的形成过程、界面层性质、界面结合强度、应力传递行为对宏观力学性能的影响规律，从而有效进行界面控制，是获取高性能复合材料的关键。

对于以聚合物为基体的复合材料，尽管涉及的化学反应比较复杂，但关于界面性能的要求还是比较明确的，即高的黏结强度（有效地将载荷传递给纤维）和对环境破坏的良好抵抗力。对于以金属为基体的复合材料（MMC），通常需要适中的黏结界面。但界面处的塑性行为也可能是有益的。还要控制组元之间在成型时或在高温工作条件下的化学反应，而且控制组元间化学反应要比避免环境破坏更重要。随着对界面研究不断深入，发现界面效应既与增强体及基体（聚合物、金属）两相材料之间的润湿、吸附、相容等热力学问题有关，又与两相材料本身的结构、形态以及物理、化学等性质有关，也与界面形成过程中所诱导发生的界面附加的应力有关，还与复合材料成型加工过程中两相材料相互作用和界面反应程度有密切的关系。复合材料界面结构极为复杂，所以，国内外学者围绕增强体表面性质、形态、表面改性及表征，以及增强体与基体的相互作用、界面反应、界面表征等方面探索界面微结构、性能与复合材料综合性能的关系，从而进行复合材料界面优化设计。

3.2　聚合物基复合材料界面及改性方法

【聚合物基复合材料界面及改性方法】

聚合物基复合材料是由增强体（纤维、织物、颗粒、微纤等）与基体（热固性或热塑性树脂）通过复合而组成的材料。通过分析复合材料界面形成过程、界面层性质、界面融合、应力传递行为等对复合材料微观及宏观力学性能的影响，人们认识到改善聚合物基复合材料有以下原则。

1. 改善树脂基体对增强材料的浸润程度

聚合物基复合材料分为热塑性聚合物基复合材料和热固性聚合物基复合材料。

热塑性聚合物基复合材料的成型有两个阶段：一是热塑性聚合物基体的熔体和增强材料之间的接触和润湿；二是复合后体系冷却凝固定型。由于热塑性聚合物熔体的黏度很高，很难通过纤维束中单根纤维间的狭小缝隙而浸渗到所有的单根纤维表面。为了增加高黏度熔体对纤维束的浸润，可采取延长浸润时间、增大体系压力、降低熔体黏度以及改善增强材料织物结构等措施。

热固性聚合物基复合材料的成型工艺方法与前者不同。热固性聚合物基体树脂强度低，又可溶解在溶剂中，有利于聚合物基体对增强材料的浸润，工艺上常采用预先形成预浸料（干法、湿法）的办法，以提高聚合物基体对增强体的浸润程度。

无论是热塑性聚合物基复合材料还是热固性聚合物基复合材料，也无论采取什么样的方法形成界面结合，其先决条件是聚合物基体对增强材料要充分浸润，使界面不出现空隙和缺陷。因为界面不完整会导致界面应力集中及传递荷载的能力降低，从而影响复合材料力学性能。

2. 适度的界面结合强度

增强体与聚合物基体之间形成较好的界面黏结，才能保证应力从基体传递到增强材料，充分发挥数以万计单根纤维同时承受外力的作用。界面黏结强度不仅与界面的形成过程有关，还取决于界面黏结形式。其中一种是物理的机械结合，即通过等离子体刻蚀或化学腐蚀使增强体表面凹凸不平，聚合物基体扩散嵌入增强体表面的凹坑、缝隙和微孔中，增强材料则"锚固"在聚合物基体中；另一种是化学结合，即基体与增强体之间形成化学键，可以设法使增强体表面带有极性基团，使之与基体间产生化学键或其他相互作用力（如氢键）。

界面黏结好坏直接影响增强体与基体之间的应力传递效果，从而影响复合材料的宏观力学性能。界面黏结太弱，复合材料在应力作用下容易发生界面脱黏破坏，纤维不能充分发挥增强作用。若对增强材料表面适当改性处理，不但可以提高复合材料的层间剪切强度，而且拉伸强度及模量也会得到改善。但同时会导致材料冲击韧性下降，因为在聚合物基复合材料中，冲击能量的耗散是通过增强材料与基体之间界面脱黏、纤维拔出、增强材料与基体之间的摩擦运动及界面层可塑性形变来实现的。若界面黏结太强，在应力作用下，材料破坏过程中正在增长的裂纹容易扩散到界面，直接冲击增强材料而呈现脆性破坏。如果适当调整界面黏结强度，使增强材料的裂纹沿着界面扩展，形成曲折的路径，耗散较多的能量，则能提高复合材料的韧性。

因此，不能为提高复合材料的拉伸或抗弯强度而片面提高复合材料的界面黏结强度，要从复合材料的综合力学性能出发，根据具体要求设计适度的界面黏结，即进行界面优化设计。

3. 减少复合材料成型中形成的残余应力

增强材料与基体之间热导率、热膨胀系数、弹性模量、泊松比等均不同，在复合材料成型过程中，界面处易形成热应力。这种热应力在成型过程中如果得不到松弛，将成为界面残余应力而保持下来。界面残余应力的存在会使界面传递应力的能力下降，最终导致复合材料力学性能下降。

若在增强纤维与基体之间引入一层可产生形变的界面层，界面层在应力的作用下可以吸收导致微裂纹增长的能量，抑制微裂纹尖端扩展。这种容易发生形变的界面层能有效地松弛复合材料中的界面残余应力。

4. 调节界面内应力和减缓应力集中

由于界面能传递外载荷的应力，复合材料中的纤维才得以发挥其增强作用。纤维和基体之间的应力传递主要依赖于界面的剪切应力，界面传递应力能力的大小取决于界面黏结情况。复合材料在受到外加载荷时，产生的应力在复合材料中的分布是不均匀的。界面某些结合较强的部位常集聚比平均应力大得多的应力。界面的不完整性和缺陷也会引起界面的应力集中，界面应力的集中首先会引起应力集中点的破坏，形成新的裂纹，并引起新的应力集中，从而使界面传递应力能力下降。同理，若在两相间引入容易形变的柔性界面层，则可使集中于界面处的应力得到分散，使应力均匀地传递。另外，当结晶性热塑性聚合物为基体时，在成型过程中纤维表面对结晶性聚合物将产生界面结晶成核效应；同时，界面附近的聚合物分子链由于界面结合以及纤维与聚合物物理性质的差异而产生一定程度的取向，造成纤维与基体间结构的不均匀性，并出现内应力，从而影响复合材料力学性能。通过控制复合材料成型过程中的冷却过程及对材料适当的热处理，可以消除或减弱内应力，并有效地提高复合材料的剪切屈服强度，避免复合材料力学性能降低。

总之，复合材料在形成过程中，界面的形成、作用及破坏是一个极为复杂的问题。界面优化和界面作用的控制与成型工艺方法有密切的关系，必须考虑经济性、可操作性和有效性，对不同的聚合物基复合材料有针对性地进行界面优化设计。

3.3　金属基复合材料界面及改性方法

【金属基复合材料界面及改性方法】

金属基复合材料的基体一般是金属及其合金，合金既含有不同化学性质的组成元素和不同的相，同时又具有较高的熔化温度。因此，金属基复合材料的制备需在接近或超过金属基体熔点的高温下进行。金属基体与增强体在高温复合时易发生不同程度的界面反应；金属基体在冷却、凝固、热处理过程中还会发生元素偏聚、扩散、固溶、相变等。这些均使金属基复合材料界面区的结构十分复杂。界面区的组成、结构明显不同于基体和增强体，受到金属基体成分、增强体类型、复合工艺参数等多种因素的影响。

在金属基复合材料界面区出现材料物理性质（如弹性模量、热膨胀系数、热导率、热力学参数）和化学性质等的不连续性，使增强体与基体金属形成了热力学不平衡的体系。因此，界面的结构和性能对金属基复合材料中应力和应变的分布，导热、导电及热膨胀性能，载荷传递，以及断裂过程都起着决定性作用。针对不同类型的金属基复合材料，深入研究界面结合强度、界面反应规律、界面微观结构及性能对复合材料各种性能的影响，界面结构和性能的优化与控制途径，以及界面结构性能的稳定性等，都是金属基复合材料发展中的重要内容。

金属基复合材料的界面结合方式与聚合物基复合材料有所不同。其界面结合可分为四类。

（1）化学结合。它是金属基体与增强体两相之间发生界面反应所形成的结合，由化学键提供结合力。

（2）物理结合。它是由两相间原子中电子的交互作用的行为，即以范德华力来结合。

（3）扩散结合。某些复合体系的基体与增强体虽无界面反应，但可发生原子的相互扩散作用，此作用也能提供一定的结合力。

（4）机械结合。由于某些增强体表面粗糙，当与熔融的金属基体浸渍而凝固时，出现机械的"锚固"作用所提供的结合力。一般情况下，金属基复合材料是以界面的化学结合为主，同时存在两种或两种以上界面结合方式并存的现象。

1. 金属基复合材料界面结构及界面反应

金属基复合材料界面是指金属基体与增强体之间因化学成分和物理、化学性质明显不同，构成彼此结合并能引起传递荷载作用的微小区域。界面微区的厚度可以从一个原子层厚到几个微米。由于金属基体与增强体的类型、组分、晶体结构、化学物理性质有巨大差别，以及在高温制备过程中有元素的扩散、偏聚、相互反应等，从而形成复杂的界面结构。界面区包含了基体与增强体的接触连接面，基体与增强体相互生成的反应产物和析出相，增强体的表面涂层作用区，元素的扩散和偏聚层，近界面的高密度位错区等。

界面区结构和特性对金属基复合材料的各种宏观性能起着关键作用。清晰地认识界面微区、微结构、界面相组成、界面反应生成相、界面微区的元素分布、界面结构和基体相、增强体相结构的关系等，对指导制备和应用金属基复合材料具有重要意义。

人们利用高分辨电镜、分析电镜、能量损失谱仪、光电子能谱仪等现代材料分析手段，对金属基复合材料界面微结构表征进行了大量的研究。对一些重要的复合材料，如碳（石墨）/铝、碳（石墨）/镁、硼/铝、碳化硅/钛、钨/铜、钨/超合金等金属基复合材料界面结构进行了深入研究，并已取得了重要进展。这些复合材料的界面微结构、界面结构与组分、制备工艺的关系已基本清楚。

2. 金属基复合材料界面对性能的影响

界面结构与性能是影响基体和增强体性能充分发挥，形成最佳综合性能的关键因素。不同类型与用途的金属基复合材料界面的作用和最佳界面结构性能有很大差别。如连续纤维增强金属基复合材料和非连续相增强金属基复合材料的最佳界面结合强度就有很大差别。

对于连续纤维增强金属基复合材料，增强纤维均具有很高的强度和模量，纤维强度比基体合金强度要高几倍甚至高一个数量级，纤维是主要承载体。因此，要求界面能起到有效传递荷载，调节复合材料内的应力分布，阻止裂纹扩展，充分发挥增强纤维性能的作用，使复合材料具有最好的综合性能。界面结构和性能要具备以上要求，界面结合强度必须适中。过弱，不能有效传递荷载；过强，会引起脆性断裂，纤维作用不能发挥。图 3-1 所示为纤维增强脆性基体复合材料的微观断裂模型。当复合材料中某一根纤维发生断裂产生的裂纹到达相邻纤维的表面时，裂纹尖端的应力作用在界面上；如果界面结合适中，则纤维和基体在界面处脱黏，裂纹沿界面发展，钝化了裂纹尖端，当主裂纹越过纤维继续向前扩展时，纤维呈"桥接"状态，如图 3-1(a) 所示；当界面结合很强时，界面处不发生脱黏，裂纹继续发展穿过纤维，造成脆断，如图 3-1(b) 所示。

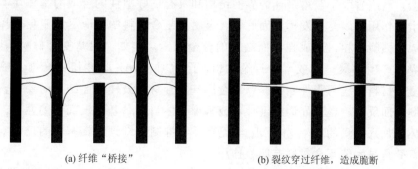

(a) 纤维"桥接"　　　　　　(b) 裂纹穿过纤维，造成脆断

图 3-1　纤维增强复合材料的微观断裂模型

颗粒、晶须等非连续增强金属基复合材料,基体是主要承载体,增强体的分布基本上是随机的,因此就要求有足够强的界面结合,才能发挥增强效果。

3. 金属基复合材料界面改性的方法

金属基复合材料制备过程中如何改善金属基体与增强体的浸润性,控制界面反应,形成最佳的界面结构,是金属基复合材料生产和应用的关键。界面优化的目标是,形成能有效传递荷载、调节应力分布、阻止裂纹扩展的稳定的界面结构。解决途径主要有纤维等增强体的表面涂层处理、金属基体合金化及制备工艺方法和参数控制。

(1) 纤维等增强体的表面涂层处理

纤维表面改性及涂层处理可有效地改善浸润性和阻止严重的界面反应。国内外学者对此进行了大量的研究,选用化学镀或电镀工艺在增强体表面镀铜、镀银,选用化学气相沉积法在纤维表面涂覆 Ti–B、SiC、B_4C、Si_3N_4 等涂层以及 C/SiC、C/SiC/Si 复合涂层,选用溶胶凝胶法在纤维等增强体表面涂覆 Al_2O_3、SiO_2、SiC、Si_3N_4 等陶瓷涂层。涂层厚度一般在几十纳米到 1 微米,有明显改善浸润性和阻止界面反应的作用,其中效果较好的是 Ti–B、SiC、B_4C、C/SiC 等涂层。特别是用化学气相沉积法,控制其工艺过程能获得界面结构最佳的梯度复合涂层。例如,Textron 公司生产的带有 C、Si、SiC 复合梯度涂层的碳化硅纤维、SCS–2、SCS–6 等,可制备出高性能的金属基复合材料。

(2) 金属基体合金化

在液态金属中加入适当的合金元素改善金属液体与增强体的浸润性,阻止有害的界面反应,形成稳定的界面结构,是一种有效、经济的优化界面及控制界面反应的方法。目前的金属基体合金多数是选用现有的金属合金。

金属基复合材料增强机制与金属合金的强化机制不同,金属合金中加入合金元素主要起固溶强化和时效强化金属基体相的作用。如铝合金中加入 Cu、Mg、Zn、Si 等元素,经固溶时效处理,在铝合金中生成细小的时效强化相 Al_2Cu(θ相)、Mg_2Si(β相)、$MgZn_2$(η相)、Al_2CuMg(S相)、Al_2MgZn_3(T相)等金属间化合物,有效地起到时效强化铝基体相的作用,提高了铝合金的强度。

对金属基复合材料,特别是连续纤维增强金属基复合材料,纤维是主要承载体,金属基体主要起固结纤维和传递载荷的作用。金属基体组分选择不在于强化基体相和提高基体金属的强度,而应着眼于获得最佳的界面结构和具有良好塑性的合适的基体性能,使纤维的性能和增强作用得以充分发挥。因此,在金属基复合材料中,应尽量避免选择易参与界面反应生成界面脆性相,造成强界面结合的合金元素。例如,铝基复合材料基体中的 Cu 元素易在界面产生偏聚,形成 $CuAl_2$ 脆性相,严重时 $CuAl_2$ 脆性相将纤维"桥接"在一起,造成复合材料低应力脆性断裂。针对金属基复合材料最佳界面结构的要求,选择加入少量能抑制界面反应,提高界面稳定性和改善增强体与金属基体浸润性的元素。例如,在铝合金基体中加入少量的 Ti、Zr、Mg 等元素,对抑制碳纤维和铝基体的反应,形成良好界面结构,获得高性能复合材料有明显作用。

在相同制备方法和工艺条件下,含有 0.34%Ti 的铝基体与 P55 石墨纤维反应轻微,在界面上很少看到 Al_4C_3 反应产物,抗拉强度为 789MPa。而纯铝基体界面上有大量反应

产物 Al_4C_3,抗拉强度只有 366MPa,仅为前者的一半。此结果表明,加入少量 Ti 在抑制界面反应和形成合适的界面结构上效果明显,方法简单易行。

合金元素的加入对界面稳定性有明显效果。例如,在铝合金中加入 0.5%Zr,可明显提高界面稳定性和抑制高温下的界面反应,使复合材料在较高的温度下仍能保持高的力学性能。

表 3-1 所示为在铝中加入 0.1%Zr 及 0.5%Zr 的复合材料分别在室温、400℃、600℃ 加热保温的抗拉强度。

表 3-1 不同合金元素含量对碳/铝复合材料拉伸性能影响

材 料	抗拉强度/MPa		
	室 温	400℃,1h	600℃,1h
纯铝	1155.4	1014.3	748.7
铝+0.1%Zr	1095.6	1032.1	862.4
铝+0.5%Zr	1224	1232.8	1102.5

由表 3-1 可见,加入 0.5%Zr 可以有效阻止在高温下碳和铝反应,形成稳定的界面,600℃加热 1h,抗拉强度与纯铝基体复合材料的室温强度相近,显示出明显的效果。总之,在基体金属中加入少量的合金元素并应用相应的制备工艺,是一种经济有效、简单可行的优化界面结构和控制界面反应的途径。

(3) 优化制备工艺方法和参数

金属基复合材料界面反应程度主要取决于制备方法和工艺参数,优化制备工艺方法和严格控制工艺参数是优化界面结构和控制界面反应最重要的途径。由于高温下金属基体和增强体元素的化学活性均迅速增加,温度越高反应越激烈,在高温下停留时间越长反应越严重,因此在制备工艺方法和工艺参数的选择上首先考虑制备温度、高温停留时间和冷却速度。在确保复合完好的情况下,制备温度尽可能低,复合过程和复合后在高温下保持时间尽可能短,在界面反应温度区冷却尽可能快,低于反应温度后冷却速度应减小,以免造成大的残余应力,影响材料性能。其他工艺参数如压力、气氛等也不可忽视,需综合考虑。

金属基复合材料的界面优化和界面反应的控制途径与制备方法有紧密联系,必须考虑方法的经济性、可操作性和有效性,对不同类型的金属基复合材料要有针对性地选择界面优化和控制界面反应的途径。

3.4 复合材料界面表征

复合材料界面具有一定厚度和结构,要深入认识界面的作用,了解界面结构对材料整体性能的影响,就必须对界面形态和界面层结构的表征、对界面强度的表征以及对界面残余应力的表征有所认识。

【复合材料界面表征】

1. 界面形态及界面层结构的表征

(1) 表征界面形态

如前所述，复合材料界面是具有一定厚度的界面层。界面层厚度与形态受增强体表面性质与基体材料的组成和性质的影响，在一定程度上也受成型工艺方法及成型工艺参数的影响。界面的不同形态是界面微结构变化的反映。通过对界面形态的研究能更直观了解复合材料界面性质与宏观力学性能的关系。通过计算机图像处理技术研究聚合物基复合材料的界面形态，图像直观反映了不同界面形态，又相对测量出界面层厚度，并与复合材料界面性能建立了联系。表 3-2 为界面层厚度与 CF/PMR-15 的界面剪切强度关系。

表 3-2　界面层厚度与 CF/PMR-15 的界面剪切强度关系

碳纤维表面处理条件	界面层相对厚度/mm	剪切强度/MPa
未处理	2.0～3.0	41.4～42.7
空气等离子体处理	4.1～5.0	91～94.2
接枝 NA 酸酐	6.0～8.0	100.5～101.7

(2) 表征界面层结构

国内学者用 CF/PEEK 复合材料为模型体系，用 Raman 光谱方法表征了界面层结构。对涂有 5nm 厚 PEEK 的碳纤维的研究表明，该体系只有在熔融后才出现明显 PEEK 谱带（如 1167.0cm^{-1}，1225.9cm^{-1}），并且碳纤维 Raman 频移在约 1360 cm^{-1} 附近的 Raman 谱及芳环伸缩振动信号（约 1585cm^{-1} 附近）也有明显变化。进一步用 Raman 光谱考察 CF/PREK 复合材料，如增多扫描次数或改变激光波长等，可以研究碳纤维/线型聚合物界面近程结构这一长期未能解决的问题。

2. 界面结合强度的表征

如前所述，纤维与基体间界面结合强度对复合材料力学性能具有重要影响，因而界面强度的定量表征一直是复合材料研究领域中十分活跃的课题。表征方法主要有界面强度原位测定法、声显微技术、单纤维拔出测试法、声发射技术、在扫描电镜下进行动态加载断裂过程、扭辫分析表征界面效应、宏观测试技术（宏观实验方法）等。

3. 衍射法对界面残余应力的表征

界面残余应力的表征是比较困难的，这是因为界面相很薄，而且基体也有透明与不透明之分。测量复合材料中残余应力的方法主要有 X 射线衍射法和中子衍射法。两种方法的测量原理相同，只是中子的穿透深度较 X 射线深，可用来测量深层应力。由于参与反射的区域较大，中子衍射法测得的结果是一很大区域的应力平均值。因受到中子源的限制，中子衍射法还不能普及。出于射线的穿透能力有限，X 射线衍射法仅能测定试样表面的残余应力。

鉴于上述两种方法的局限性，人们开始采用同步辐射连续 X 射线能量色散法和会聚束电子衍射法来测定复合材料界面附近的应力和应变变化。同步辐射连续 X 射线能量色散法的特点：①连续 X 射线强度高，约为普通 X 射线的 10^5 倍；②连续 X 射线的波长在 $1\times 10^{-11} \sim 4\times 10^{-8}$ m 范围内连续。因此，同步辐射连续 X 射线能量色散法兼有较好的穿透性和对残余应变梯度的高空间分辨率，可测量界面附近急剧变化的残余应力。此外，用激光 Raman 光谱法测量界面层相邻纤维的振动频率，根据纤维标定确定界面层的残余应力。目前应用最为广泛的仍是传统的 X 射线衍射法。

4. 增强体表面性能的表征

纤维表面直接关系到形成复合材料的界面，有必要对它进行表征。表征方法主要有 X 光电子能谱、扫描隧道显微镜和原子力显微镜。

复习思考题

1. 如何理解复合材料界面？
2. 金属基复合材料界面特点及改性方法。
3. 聚合物基复合材料界面特点及改性方法。
4. 各类复合材料界面需要表征哪些内容，如何表征？

拓展阅读

全复合材料飞机

美国贝奇飞机制造公司制造出的世界上第一架全复合材料密封飞机，载客 10 人，由 2600 个部件组成，部件少也降低了发生事故的概率。它使用了耐热性能好的碳纤维层，中间夹有环氧化物。石墨和环氧化物的保护层包裹着一种蜂窝状材料。这种复合结构要比目前普遍使用的铝、钢和钛的合金材料轻一半，强度和耐热性几乎相同。

有些研究人员认为，未来将是"全复合材料结构的时代"，金属材料将成为"例外"而不再作为飞机"常规"结构材料而存在。理由是，从近年来新设计的大型军机、商用客机中，可明显看出，飞机机体结构的选材正从"全金属材料"向"全复合材料"方向转变。

除波音 787 飞机和空客 A350XWB 飞机外，美国未来新型军用运输机也将采用接近"全复合材料"的结构设计，飞机"全复合材料结构的时代"正在到来。与此同时，传统上以金属材料结构生产为主而形成的供应链体系也必然发生变革。而另外一些学者则认为，未来复合材料与金属材料必将是走向融合的趋势，而不是由复合材料取代金属材料，目前，金属材料供应商正拼命设法生产更轻、性能更高的合金，以此对抗来自复合材料供应商的竞争，谁都不会轻易地退出历史舞台。然而，体现在中国"翔凤"飞机上的航空材料的选择，则表现出更为复杂和无可奈何的一面。

资料来源：http://baike.soso.com/v9644.htm。

第 4 章
金属基复合材料及其应用

教学要求

教 学 目 标	知 识 要 点
掌握金属基复合材料的定义及其构成	金属基复合材料的定义、金属基复合材料的组成
掌握金属基复合材料的相关属性	金属基复合材料的性能特点
了解金属基复合材料的成型工艺及其优、缺点	金属基复合材料的加工成型技术
了解金属基复合材料的作用及应用状况	金属基复合材料的应用
了解金属基复合材料的研究现状及发展趋势	金属基复合材料研究的热点及发展趋势

引例

据资料记载，20世纪70年代，美国在制造首批三架航天飞机时，将部分原计划的铝合金挤压件换成了硼/铝复合材料管构件，且每架飞机上均安装了243根由硼/铝复合材料制成的带 Ti-6Al-4V 合金端环与端接头的管构件。不同长度、厚度和直径的硼/铝复合材料管共有89种，其中最大的管长为2280mm，直径为92mm，质量达3.3kg；最小的管长为600mm，直径为25mm，质量达0.15kg。为什么他们会做出这样的决定呢？其奥秘在于，硼/铝复合材料管构件在满足航天飞机实际飞行的全部性能要求的前提下，不仅节省了飞机的空间，改善了飞行器的内部通道，而且使机身减重145kg，相当于质量降低44%。据当时 AVCO 公司人员透露，硼/铝复合材料管构件平均每根约7000美元，而航天飞机每减轻1磅（1b，约453.592g）可节省10000美元。这样，每架飞机价值约170万美元的硼/铝复合材料管构件因减重320磅，即可节省320万美元。硼/铝复合材料管构件在美国航天飞机上的应用，使人们看到了较大的技术优势和经济效益，因此，也成为了金属基复合材料发展史上具有重要意义的事件而被人们记录下来。图4-1为美国航天飞机中机身硼/铝复合材料管构件的配置。

资料来源：孙长义，于琨. 金属基复合材料在美国航天飞机上的应用（上）[J]. 航空材料，1987（5）.

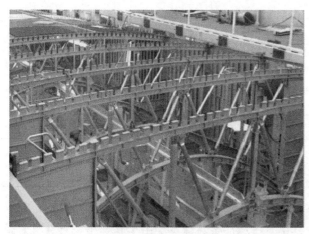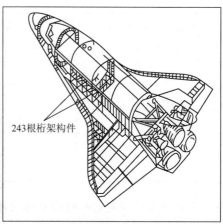

图 4-1　美国航天飞机中机身硼/铝复合材料管构件的配置

4.1　金属基复合材料概述

4.1.1　金属基复合材料的定义

金属基复合材料（Metal Matrix Composites，MMC）是指在金属或合金中加入一定体积分数的纤维、晶须或颗粒等增强体经人工复合而成的材料。

与传统金属材料相比，金属基复合材料具有较高的比强度和比刚度，耐磨性能好；与树脂基复合材料相比，金属基复合材料具有优良的导电性、导热性，高温性能好；与陶瓷基复合材料相比，金属基复合材料具有高韧性和高冲击性能，线膨胀系数小。

4.1.2　金属基复合材料的组成

金属基复合材料主要由金属基体、增强体和界面这三部分组成。

1. 金属基体

金属基体是金属基复合材料的重要组成部分，是增强体的载体，可将增强体黏结成整体，并可以赋予复合材料一定的形状、传递载荷，保护增强体免受外界因素的破坏。常用的基体金属包括铝及铝合金、铜合金、镁合金、钛合金、镍合金、锌合金、高温合金以及金属间化合物等，部分常用基体材料的性能见表 4-1。

由于每种金属基复合材料的性能优势各不相同，因此被用于不同的工作环境中，如在航空航天领域，高比强度、比模量、尺寸稳定性是最重要的性能要求，因此常用铝基和镁基复合材料；在电子工业集成电路中需要用到高熔点、高导热、低热膨胀系数的散热元件，因此常用铜基和铝基复合材料；对于高性能的发动机而言，除要求高的比强度和比模量外，还要求具有优良的耐高温性能，因此常用钛基和镍基复合材料。

表 4-1 几种常用的金属基体的相关性能

性能 金属	密度 /(g/cm³)	熔点 /℃	比热容 /[J/(g·℃)]	热导率 /[W/(m·℃)]	热膨胀系数 /(10⁻⁶ K⁻¹)	抗拉强度 /(N/mm²)	弹性模量 /(kN/mm²)
Mg	1.74	570	1.0	76	25.2	280	40
Al	2.72	580	0.96	171	23.4	310	70
Ti	4.4	1650	0.59	7	9.5	1170	110
Ni	8.9	1440	0.46	62	13.3	760	210
Cu	8.9	1080	0.38	391	17.6	340	120

在选用金属基复合材料的基体时除考虑上述使用要求外，还应考虑复合材料的组成特点，如对于长纤维增强的复合材料中，纤维是主要的承载部分，由于长纤维本身就具有很好的强度和模量，因此要求基体材料要具有较好的塑性，使其能够与长纤维很好地相容，保证长纤维功能的良好发挥；而对于非连续增强的金属基复合材料而言，基体是主要承载部分，欲获得高性能的复合材料则需选用强度较高、性能较好的基体材料。

另外，基体与增强体之间的相容性也是在选择基体时必须考虑的问题。所谓相容性，是指在制造和使用复合材料过程中，各组分间的相互配合性，使金属基体和增强体在高温复合过程中能够相互浸润，形成合适的、稳定的界面结构。若金属基体与增强体之间相容性良好，则可以避免两相之间由于不良反应的发生而导致的复合材料性能的破坏。

2. 增强体

增强体是金属基复合材料的关键组成部分，复合材料的性能在一定程度上主要取决于高性能的增强体，它可以提高基体材料的强度、韧性、耐热性、耐磨性等。金属基复合材料中可选用的增强体通常分为连续增强体和非连续增强体，其中，连续增强体主要是指长纤维，非连续增强体主要包括短纤维、晶须和颗粒。

（1）连续增强体

连续增强体的连续长度通常均超过数百米，分为单丝和束丝两种。单丝可单独作为增强体使用，如硼纤维、碳化硅纤维等；束丝是由 500～12000 根较细（直径为 5.6～14μm）的纤维构成的，如碳纤维、氧化铝纤维等。常用的金属基复合材料中连续纤维的性能见表 4-2。

表 4-2 几种用于增强金属基复合材料的连续纤维性能

连续纤维	纤维牌号	直径 /μm	密度 /(g/cm³)	拉伸模量 /GPa	拉伸强度 /MPa
硼	B	32～140	2.4～2.6	365～400	2300～2800
	B/W	100	2.57	410	3570
	B/C	100	2.58	360	3280
	B₄C-B/	145	2.57	370	4000
	Borsic	100	2.58	400	3000

(续)

连续纤维	纤维牌号	直径/μm	密度/(g/cm³)	拉伸模量/GPa	拉伸强度/MPa
碳化硅	SCS-2	140	3.05	407	3450
	SCS-6	142	3.44	420	3400
	Tyranno	1	2.4	120	2500
	Dowcorning	10~15	2.6~1.7	175~210	1050~1400
	NicalonNL-201	15	2.55	206	2940
	NicalonNL-221	12	2.55	206	3234
	NicalonNL-401	15	2.30	176	2744
	NicalonNL-501	15	2.50	206	2940
碳	Amoco T-300	7	1.76	231	3650
	Torayca-T1000	5.3	1.82	294	7060
	Torayca-T1000	5	1.94	590	3800
	Thornel p120	10	2.18	827	2370
	Thornel p100	10	2.15	724	2370

（2）短纤维

短纤维一般是指长度为几十毫米的纤维，性能较长纤维低。短纤维在使用时应先制成预制件、毡、布等，再利用挤压铸造、压力浸渗等方法制成复合材料。常用的短纤维种类有碳纤维、碳化硅纤维、氧化铝纤维、氮化硼纤维等，它们的性能见表4-3。

表4-3 几种用于增强金属基复合材料的短纤维性能

短纤维	直径/μm	密度/(g/cm³)	拉伸强度/GPa	弹性模量/GPa
碳化硅	10~20	2.32	1.8~2.0	180~190
氧化铝	5~7	3.2	0.8~1.0	130~190
硅酸铝	2~5	2.5~3.0	0.6~0.8	70~80
氮化硼	5~7	1~9	1	70

（3）晶须

晶须是利用气相法或液相法等方法在人工条件下生长出来的细小单晶，直径为0.2~1μm，长度为几十微米。晶须具有很高的强度和模量，内部缺陷少，常用的有碳化硅晶须和氧化铝晶须等。晶须在使用时也需先制成预制体，再挤压铸造形成复合材料，且形成的复合材料具有二次加工的特点。金属基复合材料中常用的晶须性能见表4-4。

表 4-4 几种用于增强金属基复合材料的晶须性能

性能 晶须	密度 /(g/cm³)	熔点 /℃	拉伸强度 /GPa	弹性模量 /GPa
Al_2O_3	3.9	2082	13800～27600	482.3～1033
AlN	3.3	2199	13800～20700	344
BeO	1.8	2549	13800～19300	689
B_4C	2.5	2449	6900	448
C	2.25	3593	20000	980
SiC(α)	3.15	2316	6900～34000	482
SiC(β)	3.15	2316	6900～34000	550～820
Si_3N_4	3.2	1899	3400～10000	379

(4) 颗粒

颗粒增强体由于价格相对较低,是当前应用较多的金属基复合材料增强体。常用的颗粒增强体有碳化硅、氧化铝、氮化硅、碳化硼、石墨等,它们通常具有高强度、高模量、耐热、耐磨、耐高温等性能,对金属基复合材料的性能具有重要的作用。颗粒在使用时通常以很细的粉状(<50μm,一般为10μm)加入基体中,制成的金属基复合材料具有各向同性的特点。金属基复合材料中常用的颗粒增强体性能见表 4-5。

表 4-5 几种用于增强金属基复合材料的颗粒性能

性能 颗粒	密度 /(g/cm³)	熔点 /℃	线膨胀系数 /($10^{-6}K^{-1}$)	热导率 /[kJ/(cm·K)]	硬度 HRA	弯曲强度 /MPa	弹性模量 /GPa
碳化硅	3.21	2700	4.0	0.7524	27	400～500	—
碳化硼	2.52	2450	5.73	—	30	300～500	360～460
碳化钛	4.92	3200	7.4	—	26	500	
氧化铝	—	2050	9				
氮化硅	3.2～3.35	2100	2.5～3.2	0.1254～0.2926	89～93	900	330

3. 界面

界面是金属基体和增强体之间的结合区域。作为基体材料和增强体之间的连接"纽带",界面不仅可以均匀地传递载荷,而且可以阻碍材料裂纹的进一步扩展,对金属基复合材料的物理、化学及力学性能等有着至关重要的影响。

金属基复合材料中由于基体通常为金属、合金或化合物,制备时要在接近熔点或超过熔点的高温区进行,且基体与增强体间会发生多种不同程度的反应,使金属基复合材料的界面比聚合物基复合材料界面复杂得多。

（1）界面类型

根据基体与增强体之间的相互作用情况，可将金属基复合材料的界面分为以下三种类型。

① 第一类界面特征。界面相对平整，金属基体和增强体之间既不反应也不相互溶解。几种典型的金属基复合材料中增强体分布状态如图 4-2 所示。

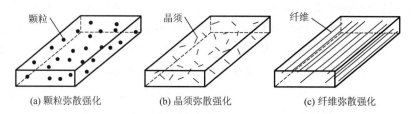

图 4-2　金属基复合材料中增强体的分布示意图

② 第二类界面特征。金属基体和增强体之间不发生化学反应，但能发生界面处的相互溶解扩散，基体中的合金元素或杂质可能在界面处涨落。

③ 第三类界面特征。金属基体和增强体之间彼此发生界面化学反应，可产生新的化合物，能形成界面层。

（2）界面结合方式

金属基复合材料中金属基体和增强体之间的结合方式有四种：机械结合、共格和半共格原子结合、扩散结合和化学结合。

① 机械结合。机械结合是指基体与增强体之间依靠纯粹的机械结合力连接的结合形式。结合力的大小与增强体表面的粗糙度有重要关系，界面越粗糙，结合力越强。

② 共格和半共格原子结合。共格和半共格原子结合是指增强体与基体以共格或半共格方式直接原子结合，界面平直，无反应产物或析出物存在。

③ 扩散结合。扩散结合是基体与增强体之间发生相互润湿，并伴随一定的相互溶解而产生的一种结合方式。

④ 化学结合。化学结合是基体与增强体通过发生化学反应在界面上形成化合物而产生的一种结合方式，主要依靠产生的化学键提供结合力。这种结合方式在金属基复合材料中具有重要作用。

4.1.3　金属基复合材料的分类

金属基复合材料种类繁多，分类方式各不相同，一般可归纳为以下几种。

1. 按增强体类型分类

金属基复合材料按增强体类型可分为连续纤维增强和非连续增强体增强两类。非连续增强体增强金属基复合材料又包括短纤维、颗粒和晶须增强三种。连续纤维增强金属基复合材料中，由于纤维是主要承受载荷的组元，故具有较高的比强度与比模量，但由于高性能纤维价格昂贵，制备工艺复杂，使其应用受到一定限制；非连续增强体增强金属基复合材料中金属基体起主导作用，增强体的加入主要是为了弥补基体金属的某种不足，用于提高基体金属的刚度、韧性、高温性能等。相比较而言，非连续增强体增强金属基复合材料的制备工艺简单，成本低廉，有利于大规模的生产和应用。

2. 按基体类型分类

金属基复合材料按基体类型可分为铝基、铜基、镁基、钛基和其他金属基（如镍基、铁基、难熔金属基等）复合材料。铝基复合材料经过多年的研究形成了较成熟的合金体系，是金属基复合材料中应用最为广泛的一种；铜基复合材料不仅具有高强度和高导电性、导热性，还具有良好的抗电弧侵蚀和抗磨损能力；镁基复合材料比铝基复合材料更轻，具有更高的比强度和比刚度；钛基复合材料以其高比强度、比刚度和抗高温性能在航空航天领域显示出广泛的应用前景；镍基复合材料由于高温性能优良，主要用于制作高温下工作的零部件。

3. 按用途分类

金属基复合材料按用途可分为结构复合材料和功能复合材料两大类。结构复合材料以高比强度、高比模量、尺寸稳定、耐热为主要性能特征，被广泛用于制造各种航空航天、先进武器等高性能结构件；功能复合材料以高导热、高导电、高阻尼、耐磨、低的热膨胀系数等性能的综合为主要特征，用于电子、仪器、汽车等工业中。

4. 按制备工艺分类

金属基复合材料按制备工艺可分为外加增强相复合材料和原位自生复合材料。外加增强相复合材料中增强材料及形态在材料制备过程中无明显变化，如粉末冶金复合材料、铸造复合材料等；原位自生复合材料的增强相或其形态是在复合材料制备过程中形成的，如反应合成自生复合材料、大变形自生复合材料等。

4.1.4 金属基复合材料的发展历史

金属基复合材料的出现最早可追溯到古文明时期。经考证，公元前 7000 年在土耳其出土的铜锥子是经过反复拓平与锤打而成的，其内部的非金属夹杂物已被拉长，呈现出金属基复合材料的特征。

对金属基复合材料的实际研究则开始于 20 世纪 20 年代 Schmit 关于铝和氧化铝粉末烧结过程中弥散强化机理的探究，即利用小颗粒第二相阻碍位错运动，通过存在于金属基体中的微细氧化物或者沉淀相颗粒而使材料得到强化。在 20 世纪 30 年代，又出现了沉淀强化理论，并在以后的几十年中得到了很快发展。到 20 世纪 60 年代，为了提高金属材料的比强度和比刚度以满足航空航天技术发展的需要，各国开始对金属基复合材料进行较集中的研究，其标志性起点是美国国家航空航天局（NASA）成功地制备出钨丝增强的铜基复合材料。此时，研究的对象主要是用钨和硼等纤维增强的铝基和铜基复合材料，制备工艺多沿用树脂基复合材料的工艺方法，且价格昂贵（如硼-铅复合材料的价格约为热轧钢的 1860 倍）。

到 20 世纪 70 年代，由于许多复合体系的界面处理问题难以解决，且增强体品种、规格较少，复合工艺难度较大，成本较高，限制了金属基复合材料的发展。但是到 20 世纪 80 年代以后，伴随着科学技术的发展，特别是航空航天和核能利用等高新技术的发展，对材料提出了较高的性能要求，如高比强度、高比刚度、耐磨损、耐腐蚀、耐高温，并在温度剧烈变化时具有较好的化学和尺寸稳定性等,使金属基复合材料的研究和应用处于前所未有的快速发展时期,进入了多种增强材料、多种基体材料、多种复合方法较为全面发展的阶段,同时铝基、镁基、钛基、铜基等复合材料先后开始进行实用化研究,其应用领域除航空航天外,也扩展到了汽车、电子、体育用品等其他方面。例如,日本丰田汽车首次将陶瓷纤维增强铝基复合材料试用于制造发动机活塞,发展了非连续强化金属基复合材料。

我国于20世纪80年代初由上海交通大学、中科院金属研究所、哈尔滨工业大学等单位首先对金属基复合材料进行研究。哈尔滨工业大学武高辉等人以2024、4032、6061等铝合金和铜合金为基体,以碳化硅颗粒、氧化铝颗粒、碳化硅晶须、碳纤维、石墨纤维等为增强体,重点对复合材料的制备成型工艺、显微组织结构、相关力学性能、界面结合特征以及某些特殊性能(如电磁屏蔽性能、阻尼减振性能、高温辐照性能等)进行了系统的研究,且获得了丰硕的研究成果,其研制的SiC_p/Al复合材料已成功用于巡航弹红外线反射镜中。上海交通大学国家级金属基复合材料研究所多年来对铝基、镁基和新型功能复合材料等进行了大量的研究工作,并在工程化研究中为国家安全和高新科技领域提供了几千件的关键构件和材料,其研制的高性能铝基复合材料及构件已成功应用于"玉兔号"月球车的行走机构和"嫦娥三号"光学系统中。此外,北京有色金属研究总院、航空材料研究院、西北工业大学、东南大学等科研院所和高校也陆续开展了利用粉末冶金法、挤压铸造法、搅拌铸造法及原位反应自生方法等制备金属基复合材料方面的研究,并对制备的金属基复合材料的相关性能进行了深入研究。经过二十多年的研究与发展,我国金属基复合材的制备加工技术瓶颈问题已基本得到解决,且形成了自主知识产权的先进金属基复合材料技术体系,缩小了与先进发达国家的差距,有力地支撑了我国高新技术的发展和重大工程对先进金属基复合材料的迫切需求。

4.2 金属基复合材料的性能

通过正确选择和优化设计,使金属或合金基体和增强体的特性、含量、分布以及界面状态等进行合理匹配和组合,可以充分发挥基体金属和增强体的性能特点,赋予金属基复合材料优异的综合性能,满足各种使用环境的要求。

金属基复合材料的性能特点可归纳为以下几点。

1. 比强度、比模量高

金属基体中各种高强度、高模量、低密度的纤维、晶须、颗粒等增强体对复合材料的力学性能具有重要作用。若在金属基体中加入30%~50%的高性能纤维作为复合材料的主要承载体,则复合材料的比强度和比模量便可以成倍地高于基体合金的比强度和比模量。图4-3所示为典型金属基复合材料与基体力学性能的比较。

2. 导热性好、线膨胀系数小

金属基复合材料中金属基体占有很高的体积分数,因此在保持金属材料所特有的良好导热性和导电性基础上,一些超高模量石墨纤维、金刚石纤维、金刚石颗粒增强的铝基、

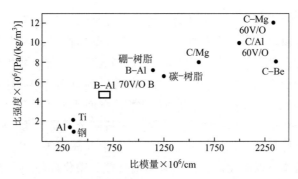

图 4-3 典型金属基复合材料与基体力学性能的比较

铜基复合材料的热导率比纯铝、纯铜还高。另外，由于金属基复合材料中所用的增强体，如碳纤维、碳化硅纤维、硼纤维等均具有很小的线膨胀系数，特别是超高模量的石墨纤维具有负的线膨胀系数，通过调整各种增强体的含量可使金属基复合材料具有不同的线膨胀系数。SiC_p/Al 复合材料与部分传统材料的热导率和线膨胀系数见表 4-6。

表 4-6 SiC_p/Al 复合材料与部分传统材料的热导率和线膨胀系数比较

性能	A	B	Si	Al_2O_3	420 不锈钢	电镀 Ni
线膨胀系数/($10^{-6} K^{-1}$)	9.7	12.4	4.1	8.3	9.3	12.1
热导率/[W/(m·K)]	127	123	13.5	70	24.9	8.0

注：A：6061-T6，40% SiC_p（体积分数）；B：2124-T6，30% SiC_p（体积分数）。

3. 高温性能好，使用温度范围大

由于增强纤维、晶须、颗粒在高温下都具有很高的高温强度和模量，因此金属基复合材料与基体金属相比具有更高的高温性能，特别是连续纤维增强的金属基复合材料，其高温性能可保持到接近金属熔点处。如钨丝增强耐热合金，其 1000℃、100h 高温持久强度为 207MPa，而基体合金的高温持久强度只有 48MPa；又如石墨纤维增强铝基复合材料在 500℃ 高温下，仍具有 600MPa 的高温强度，而铝基体在 300℃ 强度已下降到 100MPa 以下。因此金属基复合材料被选用在发动机等高温零部件上，可大幅度提高发动机的性能和效率。图 4-4 为几种金属基复合材料的拉伸强度与温度之间的关系曲线。

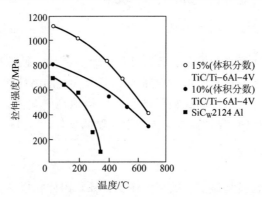

图 4-4 几种金属基复合材料拉伸强度与温度之间的关系曲线

4. 耐磨性好

金属基复合材料中由于陶瓷纤维、晶须、颗粒的加入，使其耐磨性大大增加，如碳化硅颗粒增强铝基复合材料的耐磨性比铸铁还好，比基体金属高出几倍。此外，在传统单相增强体增强复合材料的基础上，人们又进一步开发了在原有复合材料中添加第三相粒子，将耐磨增强体和具有减摩性的增强体混杂，利用"混杂效应"来提高金属基复合材料的耐磨性能。如图 4-5 所示，$Al/Al_2O_3/C$ 复合材料与 Al/Al_2O_3 复合材料相比较，其耐磨性得到较大提高。

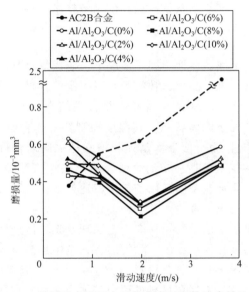

图 4-5　几种混杂增强金属基复合材料的耐磨性比较

5. 疲劳性能和断裂韧性好

金属基复合材料的疲劳性能和断裂韧性主要取决于金属基体和增强体本身的特性、增强体在金属基体中的分布、增强体与金属基体的界面结合状态等因素，其中界面结合状态具有较重要的作用，最佳的界面结合状态既可有效地传递载荷，又能阻止裂纹的扩展，提高材料的断裂韧性。

6. 不吸潮、不老化、气密性好

与聚合物相比，金属材料性质稳定、组织致密，不存在老化、分解、吸潮等问题，也不会发生性能的自然退化，在空间使用不会分解出低分子物质污染仪器和环境，因此金属基复合材料比聚合物基复合材料在性能稳定性方面具有明显的优越性。

4.3　金属基复合材料的制备工艺

金属基复合材料的性能、成本及应用等在很大程度上取决于其制备技术，因此，针对不同基体和增强体的金属基复合材料制备技术的研究一直以来都受到了人们的广泛关注，且取得了较大的进展。

金属基复合材料的加工方法分为粗加工和精加工两大类。粗加工就是指从原材料合成复合材料的制造工艺，包括将适量的增强体引入基体的适当位置上，并在各种成分之间形成合适的结合。精加工就是指将粗加工的复合材料进行进一步的辅助加工，使其在尺寸和结构等方面满足实际工程的需要，得到最终所需零件。由于金属基体与增强体的组合不同，因此在复合材料制造工艺过程中所注意的事项也不同，所得到的复合材料的性能进而也就不同。

为解决金属基复合材料制备加工温度高，易发生不良化学反应；基体与增强体润湿性差；增强体难于按照设计要求分布于基体中的不足，在原有金属材料制备技术的基础上，逐渐开发了固态制备技术、液态制备技术和其他制备技术三种制备技术。

1. 固态制备技术

固态制备技术是指在金属基体处于固态情况下，制成复合材料体系的方法。先将金属粉末或金属箔与增强体（纤维、晶须、颗粒等）以一定的含量、分布、方向混合排列在一起，再经过加热、加压，将金属基体与增强体复合黏结在一起。在其整个制造工艺过程中，金属基体与增强体均处于固体状态，其温度控制在基体合金的液相线与固相线之间。在某些方法中（如热压法），为了使金属基体与增强体之间复合得更好，有时也希望有少量的液相存在。固态制备技术包括粉末冶金法、热压法、热等静压法、轧制法、挤压法、拉拔法和爆炸焊接法等。几种典型固态制备技术叙述如下。

（1）粉末冶金法

【粉末冶金法】

粉末冶金法是利用粉末冶金原理，将基体金属合金粉末与增强体粉末混合均匀后在模中冷压，除气后在真空中加热至固液两相区进行热压，最后烧结制得金属基复合材料的方法。其工艺流程如图4-6所示。利用此方法制备金属基复合材料过程中基体合金粉末和颗粒（晶须）的混合均匀程度及防止基体粉末氧化等问题是整个工艺的关键。

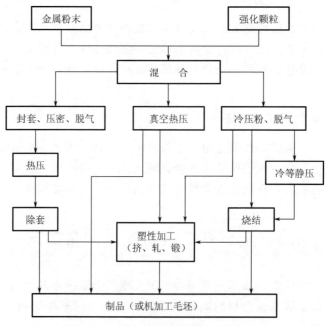

图4-6 粉末冶金复合法的工艺流程

粉末冶金法是最早用来制备金属基复合材料的方法，该方法的主要优点是增强体与基体合金粉末有较宽的选择范围，颗粒的体积分数可以任意调整，并可不受到颗粒的尺寸与形状限制，可以实现制件的无切削或近净成型。该方法的不足之处是制造工序繁多，工艺复杂，制造成本较高，内部组织不均匀，存在明显的增强相富集区和贫乏区，不易制备形状复杂、尺寸大的制件，而且在生产过程中存在粉末燃烧和爆炸等危险，不易进行大规模工业化生产。

（2）热压法和热等静压法

热压法主要用于连续纤维增强金属基复合材料的制备。通常要求先将纤维与金属基体制成复合材料预制片，然后将预制片按设计要求剪裁成所需的形状并叠层排布，根据对纤维体积含量的要求在叠层时添加基体箔，再将叠层放入模具内，进行加热加压获得复合材料。金属固态热压工艺过程简图如图4-7所示。

【热等静压法】

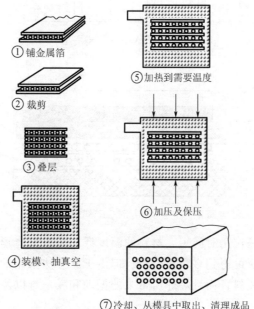

图4-7 金属固态热压工艺过程简图

热等静压法也是热压的一种，用惰性气体加压，使工件在各个方向受到均匀压力的作用。其工艺原理：在高压容器内设置加热器，将金属基体与增强体按一定比例混合或排布后，或用预制片叠层后放入金属包套中，抽气密封后装入热等静压装置中加热、加压，从而获得复合材料。热等静压法装置如图4-8所示。

热等静压法适用于多种复合材料的管、筒、柱及形状复杂零件的制造，特别适用于钛、金属间化合物、超合金基复合材料。热等静压法的优点是产品的组织均匀致密，无缩孔、气孔等缺陷，形状、尺寸精确，性能均匀。其主要缺点是设备投资大，工艺周期长，成本高。

（3）爆炸焊接法

爆炸焊接法又称为爆炸复合法，是采用炸药的爆炸为能源，由于炸药的高速引爆和冲击作用（7~8km/s），在微秒级时间内使两块金属板在碰撞点附近产生高达$10^4 \sim 10^7 s^{-1}$

的应变速率和 10^4 MPa 的高压，使材料发生塑性变形，在基体中和基体与增强体的接触处产生焊接从而成型复合材料，其工艺过程示意图如图 4-9 所示。

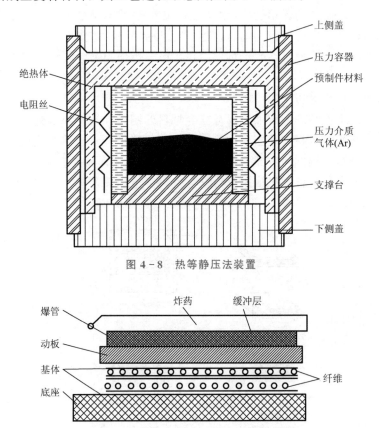

图 4-8 热等静压法装置

图 4-9 爆炸焊接法工艺过程简图

爆炸焊接法的特点是作用时间短，材料的温度低，可以制造形状复杂的零件和大尺寸的板材，需要时一次作业可得到多块复合板。但由于此方法采用的是块式法生产，无法连续生产宽度较大的复合坯料，而且爆炸所带来的振动和噪声难以控制。

2. 液态制备技术

液态制备技术是指在金属基体处于熔融状态下，与增强体混合形成复合材料体系的方法。为了减少高温下基体与增强材料之间的界面反应，改善液态金属基体与固态增强体的润湿性，通常可以采用加压浸渗、增强材料的表面（涂覆）处理、添加合金元素等措施。液态制备技术包括：液态金属浸渗法（真空、压力、无压浸渗）、挤压铸造法、搅拌铸造法、液态金属浸渍法、喷射沉积法、热喷涂法等。几种典型液态制备技术叙述如下。

（1）液态金属浸渗法

液态金属浸渗法是指在一定条件下将液态金属浸渗到增强体制成的多孔预制件孔隙中，并凝固获得复合材料的方法。根据液态金属浸渗条件的不同，可分为压力浸渗、真空浸渗、真空压力浸渗、无压浸渗等方法。真空浸渗法制备复合材料工艺流程如图 4-10 所示。

液态金属浸渗法能够实现制备组织致密、性能良好的复合材料,是一种比较经济的复合方法。但增强体与基体合金之间的不润湿性,以及二者之间存在的物理性能、化学性能及机械性能方面的不相容性容易造成复合材料制备的困难。

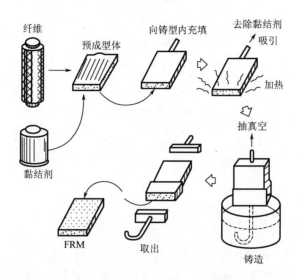

图 4-10　真空浸渗法制备纤维增强金属基复合材料 (FRM) 示意图

【挤压铸造法】

(2) 挤压铸造法

挤压铸造法是目前制备非连续增强金属基复合材料最成功的工艺。挤压铸造法是将增强体制成预成型体,干燥预热后,再浇入金属熔体并将模具压下并加压,液态金属在压力下浸渗入预制件中,并在压力下凝固,制成接近最终形状和尺寸的零件。挤压铸造法工艺示意图如图 4-11 所示。

挤压铸造法具有成本低、工艺简单、增强体体积分数可调范围大、可以制备近净成型产品的优点。另外,由于基体合金在高压下浸渗和凝固,可以大大改善增强体和基体合金的结合状况,减少铸造缺陷,提高材料的致密度。但挤压铸造法受产品形状和尺寸的影响,对大体积零件的适应性不高,而且对模具和设备要求较高,预制件的制备技术直接影响到增强体颗粒在基体合金内的分布情况,继而对复合材料力学性能产生影响,同时挤压压力会损害预制件的完整性,使得其应用受到一定的限制。

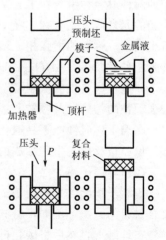

图 4-11　挤压铸造法示意图

(3) 喷射沉积法

喷射沉积法是将基体金属熔化后通过导液管流入喷枪,再用惰性气体将其雾化,在喷射途中与另一路由惰性气体送出的增强微细颗粒会合,共同沉积在有水冷衬底的平台上,凝固成复合材料的方法。其工艺示意图如图 4-12 所示。

喷射沉积法的优点是工艺快速,金属的大范围偏析和晶粒粗化可以得到抑制,避免复合材料发生界面反应,增强体分布均匀。其缺点是出现原材料被气流带走和沉积在设备器壁上等现象而损失较大,还有复合材料气孔率高以及容易出现疏松等情况。

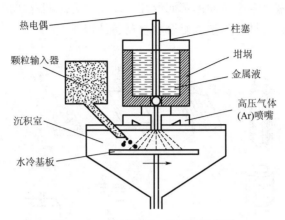

图 4-12 喷射沉积工艺过程示意图

3. 其他制备技术

随着人们研究的深入和对各方面技术问题的解决,同时也适应现实应用与制造技术的发展,金属基复合材料制备技术不断增加,除上述的各种方法外还包括原位反应自生成法、等离子喷涂法、物理气相沉积法、化学气相沉积法、化学镀法、电镀法及复合镀法等。

(1) 原位反应自生成法

原位反应自生成法分为固态自生法和液态自生法。其基本原理:把预期反应生成增强相的两种或多种组分粉末与基体金属混合均匀,或者在熔融基体中加入能反应生成预期增强相的元素或者化合物,在一定温度下,元素之间发生放热反应,在基体的熔液中生成并析出细小、弥散的增强相。增强相的含量可以通过反应元素的加入量来控制。反应生成的增强相种类繁多,Al_2O_3、TiC、SiC、TiN 等常用陶瓷颗粒均可通过反应制备。

原位反应自生成法制备金属基复合材料,其增强颗粒与基体的相容性好,避免了外加增强颗粒的污染以及颗粒与基体的界面之间的化学反应问题,增强颗粒的热力学稳定性好,高温工作时性能不易退化,此外原位反应生成的增强相细小弥散,均匀性好,性能优异。但原位反应自生法生成的相比较复杂、不易控制。

(2) 等离子喷涂法

等离子喷涂法是利用等离子弧向纤维增强材料喷射金属微粒子,从而制成金属基纤维复合材料的方法。例如,将碳化硅连续纤维缠绕在滚筒上,用等离子喷涂的方法将铝合金喷溅在纤维上,然后将碳化硅/铝合金复合片堆叠起来进行热压,制成铝基复合材料,其抗拉强度和模量分别超过 1500MPa 和 200GPa,而密度仅仅为 $2.77g/cm^3$。

等离子喷涂法的优点:熔融金属粒子能够与纤维牢固地结合,金属与纤维的界面比较密实,而且由于金属粒子离开等离子喷枪后,迅速冷却,金属几乎不与纤维发生反应,但纤维上的喷涂体比较疏松,需要进行热固化处理。

(3) 电镀法

电镀法是利用电解沉积的原理在纤维表面附着一层金属而制成金属基复合材料的方法。其基本原理:以金属为阳极,位于电解液中的卷轴为阴极,在金属不断电解的同时,通过调节卷轴转速或电流大小,可以改变纤维表面金属层的附着厚度,将电镀后的纤维按一定方式层叠、热压,可以制成多种制品。例如,利用电镀法在氧化铝纤维表面附着镍金属层,然后将纤维热压固结在一起,制成的复合材料在室温下显示出良好的力学性能。但是,在高温环境中,可能因纤维与基体的热膨胀系数不同,复合材料的强度不高。又如,在直径为 $7\mu m$ 的碳纤维的表面上镀一层厚度为 $1.4\mu m$ 的铜,并将其切为 $2\sim3\mu m$ 的短纤维,均匀分散在石墨模具中,先抽真空预制处理,再在 5MPa 和 700℃下处理 1h,得到碳纤维体积含量为 50% 的铜基复合材料。

电镀法可以对增强体表面进行适当的修饰,从而增加增强体与基体的润湿性能,使增强体与基体的界面结合状态得到改善,从而提高金属基复合材料的质量和性能。

金属基复合材料主要制备方法及应用范围见表 4-7。

表 4-7 金属基复合材料主要制备方法及应用范围

类 别	制备方法	适用金属基复合材料体系		典型的复合材料及产品
		增强材料	金属基体	
固态法	粉末冶金法	SiC、Al_2O_3、B_4C、SiC 等颗粒、晶须及短纤维	Al、Ti、Cu 等金属	SiC_p/Al、SiC_w/Al、Al_2O_3/Al 等金属基复合材料零件、板等
	热压法	B、SiC、C(Gr)、W	Al、Ti、Cu 耐热合金	B/Al、SiC/Al、TiC/Al、C/Mg 等零件、管、板等
	热等静压法	B、SiC、W	Al、Ti、超合金	B/Al、SiC/Ti 管
	挤压、拉拔法		Al	C/Al、Al_2O_3/Al 棒
液态法	挤压铸造法	各种类型增强材料,纤维、晶须、短纤维、C、Al_2O_3、SiC_p、Si_2O_3	Al、Mg、Zn、Cu 等	SiC_p/Al、SiC_w/Al、C/Al、C/Mg、Al_2O_3/Al、SiO_2/Al 等零件、板、坯等
	真空浸渗法	各种纤维、晶须、颗粒增强材料	Al、Mg、Cu、Ni 基合金	C/Al、C/Cu、C/Mg、SiC_p/Al、SiC_w 等零件、板、坯等
	搅拌法	颗粒、短纤维及 Al_2O_3、SiC_p	Al、Mg、Zn	铸件、锭坯
	喷射沉积法	SiC_p、Al_2O_3、B_4C_p、TiC 等颗粒	Al、Fe、Ni 等金属	SiC_p/Al、Al_2O_3/Al 等板坯、管坯、锭坯零件
	真空铸造法	C、Al_2O_3 连续纤维	Mg、Al	

(续)

类　别	制备方法	适用金属基复合材料体系		典型的复合材料及产品
		增强材料	金属基体	
其他方法	原位反应自生成法		Al、Ti Cu、Ni 等	铸件
	电镀法及化学镀法	SiC_p、B_4C、Al_2O_3 颗粒、C 纤维		表面复合层
	热喷镀法	颗粒增强材料，SiC_p、TiC_p	Ni、Fe	管、棒等

4.4　金属基复合材料的应用

金属基复合材料主要是伴随着航空航天和空间技术领域对材料高强度和低密度的性能要求而出现的，高比强度、高比模量、耐热、导电、不吸潮、抗辐射、低热膨胀系数等一系列优异的性能使其应用范围由原来的航空航天、军事国防等领域逐渐扩展到交通运输、电子器件、体育休闲等领域。目前，金属基复合材料在国外已经实现了商品化，在我国仅有小批量生产。但随着我国现代化工业的发展及材料产业结构的调整，金属基复合材料的应用领域将会进一步扩大，且在各个应用领域将会发挥越来越重要的作用。

4.4.1　在航空航天领域中的应用

金属基复合材料在航天器上首次也是最著名的成功应用是，美国 NASA 采用硼纤维增强铝基（50%BF/6061Al）复合材料作为航天飞机轨道器中段（货舱段）机身构架的加强桁架的管形支柱（图 4-13），整个机身构架共有 243 件带钛套环和端接头的 BF/Al 复合材料管形支撑件。与原设计方案（拟采用铝合金）相比，减重高达 145kg，减重效率为 44%。

图 4-13　航天飞机轨道器中机身 BF/Al 复合材料构架

另一个著名的工程应用实例是，60%石墨纤维（P100）/6061铝基复合材料被成功地用于哈勃太空望远镜的高增益天线悬架，悬架长达3.6m（图4-14），具有足够的轴向刚度和超低的轴向线膨胀系数，能在太空运行中使天线保持正确位置。由于这种复合材料的导电性好，所以具有良好的波导功能，保持飞行器和控制系统之间进行信号传输，并抗弯曲和振动。

图4-14　哈勃望远镜石墨纤维/铝基复合材料悬架

我国已成功应用的金属基复合材料有：由哈尔滨工业大学研制的SiC_w/Al复合材料管件用于某卫星天线丝杠；光学级SiC_p/Al复合材料用于巡航弹红外线反射镜和高精度惯导构件；CF/Al复合材料用于航天器舱体和卫星相机镜筒；北京航空材料研究院研制的SiC_p/Al复合材料精铸件（镜身、镜盒和支撑轮）用于某卫星遥感器定标装置，并且成功地试制出空间光学反射镜坯缩比件等。我国正在开发的应用研究工作有：用非连续增强金属基复合材料制备火箭和导弹制导系统的惯导平台构件、航天推进器系统和空间站系统的桁架结构、各种管接头和连接部件、电子封装部件、汽车发动机活塞和制动盘、自行车框架、摩托车的制动闸等；用非连续增强钛基复合材料制备航空发动机的机芯和叶片以及排气喷嘴接头、汽车发动机排气门等；用非连续增强镁基复合材料制备航天航空用的管接头部件等。图4-15所示为采用SiC纤维增强钛基复合材料活塞，图4-16所示为形状记忆合金复合材料在发动机风扇喷管的应用。

图4-15　采用SiC纤维增强钛基复合材料活塞

图 4-16 形状记忆合金复合材料在发动机风扇喷管的应用

在航空领域金属基复合材料最早的应用实例是，20 世纪 80 年代 DWA 公司利用粉末冶金方法制备的 SiC_p/Al 复合材料用于制作飞机上的电子设备支架。该支架长约 2m，比刚度比 7075 铝合金高约 65%，减重约 17%。此后，DWA 公司一直致力于金属基复合材料的开发和应用研究，并保持领先地位至今，包括 F-16 战隼轻型战斗机的腹鳍和加油口盖板、波音 777 客机 Pratt & Whitney 4084、4090 和 4098 发动机的风扇导向叶片、AC-130 武装直升机的武器挂架、V-22 鱼鹰式倾斜旋翼直升机和 F/A-18E/F 超级大黄蜂战斗机的液压系统分路阀箱等都用到了金属基复合材料。此外，在大型客机上复合材料也得到了越来越多的应用。目前，空客的最新型客机 A380 使用复合材料已占机身结构的 25%，波音的先进客机 B787 使用复合材料则高达 50% 左右，全机主要结构采用复合材料加工而成，比用铝合金材料降低油耗 20%。

4.4.2 在交通运输工具中的应用

金属基复合材料在交通运输工具上成功应用的最早期实例是，1983 年起日本丰田汽车公司将柴油机活塞镍铸铁内衬套换成了 5% 氧化铝短纤维增强铝基复合材料，取得了减重近 10%、热导率提高 3 倍、热疲劳寿命明显延长的显著效果。之后，日本铃木公司在船用内燃机的整个活塞顶部采用了晶须增强铝基复合材料（20% $SiC_w/Al390$），自 1990 年以来一直在工业化生产。俄罗斯结构材料中心研究院 1999 年提出采用 AlB 强化的铝合金板结构，与铝合金标准间隔比较，压缩承载能力高 2 倍，结构疲劳极限高 2~11 倍，在具有动态维护原理的船舶全尺寸间隔原型力矩下，静态悬臂弯曲的承载能力为铝合金标准间隔的 1.2 倍，成为解决具有动态维护原理的先进船舶强度的关键技术。洛阳船舶材料研究所自 20 世纪 80 年代中期研制成铝合金-钢爆炸复合板，并于 1992 年首次成功应用于琼州海峡"海鸥 3 号"双体客船铝质上层建筑与钢质船体甲板的过渡连接中，后又相继成功应用于有关型号导弹快艇等多条军艇和民船上。

在车辆制造业中，包括小型汽车、大型客车、卡车及高速列车等，金属基复合材料主要被用于制造需要耐热耐磨的发动机和制动部件（如活塞、缸套、制动盘和制动鼓等）及需要高强高模量的运动部件（如驱动轴、连杆等）。通用公司在 2000 年发布的混合动力车 Precept 上，前后轮均装配采用 Alcan 公司制造的铝基复合材料通风式制动盘，该制动盘质量不到原来铸铁制动盘的一半，而热导率却达 3 倍多，并消除了制动盘和制动毂之间的腐蚀问题。目前，在陆上运输领域消耗的金属基复合材料中，驱动轴的用量超过50%，汽车和列车制动件的用量超过30%。图4-17所示为金属基复合材料车辆配件。

(a) 汽车制动毂和制动碟　　　　　　　　(b) 火车转向架和制动盘

图4-17　金属基复合材料车辆配件

4.4.3　在电子/热控领域的应用

目前，金属基复合材料在电子/热控领域的应用产值已达总产值的60%，是金属基复合材料的主要应用领域之一。以SiC/Al复合材料为代表的第二代热管理材料与第一代热管理材料Cu-W和Cu-Mo相比，密度仅为第一代材料的1/5，且可提供更高的热导率[180～200W/(m·K)]及可调的低热膨胀系数。SiC/Al复合材料主要用作微处理器盖板/热沉、倒装焊盖板、微波及光电器件外壳/基座、高功率衬底、IGBT基板、柱状散热鳍片等，其最大的应用领域是无线通信与雷达系统中的射频与微波器件，第二大应用领域则是高端微处理器的各种热管理组件，包括功率放大器热沉、集成电路热沉、印制电路板芯板和冷却板、芯片载体、散热器、整流器封装等。图4-18所示为金属基复合材料电子器件。

(a) 微处理器盖板　　　　　　　　(b) 光电封装基座

图4-18　金属基复合材料电子器件

4.4.4　在其他领域中的应用

在制造业、体育休闲及基础建设领域金属基复合材料也尽显优势。

由3M公司开发的氧化铝纤维增强铝基复合材料导线,用于取代现有铝绞线的钢芯,经测试比强度提高2~3倍,电导率提高4倍,热膨胀系数降低一半,腐蚀性也有所降低。图4-19所示为金属基复合材料配电器件。

(a) 输电线缆　　　　(b) 输电塔

图4-19　金属基复合材料配电器件

作为一种新型金属基复合材料,B_4C/Al 具有优异的中子吸收性能,是唯一可用于废弃核燃料储存和运输的金属基复合材料。目前,已有BorTec™、METAMIC™以及Talborm等多种 B_4C/Al 复合材料获得美国核能管理委员会(NRC)核准,可以用于制造核废料储存桶的中子吸收内胆、废燃料棒储存水池的隔板等。

用低密度、高刚度和高强度的颗粒增强体增强的铁基复合材料,在降低材料密度的同时,使其弹性模量、硬度、耐磨性和高温性能得到较大改善,可应用于切削、轧制、喷丸、冲压、穿孔、拉拔、模压成型等工业领域。图4-20所示为金属基复合材料核燃料储存器件,图4-21所示为TiC增强的铁基复合材料器件。

(a) 储存水池　　　　(b) 储存桶

图4-20　金属基复合材料核燃料储存器件

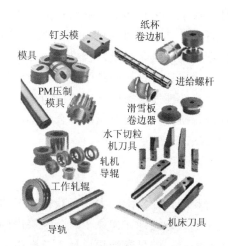

图 4-21 TiC 增强的铁基复合材料器件

4.5 金属基复合材料的研究现状

4.5.1 金属基复合材料研究中的热点问题

经过 40 余年的发展，金属基复合材料无论在基础研究还是应用研究方面都取得了可喜的成果，但与高速发展的现代科技相比，其研究还有待于进一步系统、深入地进行。目前，金属基复合材料研究中的热点问题主要有以下几方面。

1. 应用基础理论

为促进金属基复合材料的广泛应用，世界各国对金属基复合材料的应用基础理论研究都十分重视，主要研究内容包括：①金属基复合材料塑性成型技术研究；②金属基复合材料机械加工技术研究；③金属基复合材料强化热处理和尺寸稳定化处理工艺研究；④金属基复合材料表面处理技术研究；⑤金属基复合材料连接技术研究。

2. 界面设计与控制

界面设计与控制是复合材料特有而且重要的问题。在复合材料中，界面结构主要受基体材料与增强材料的物理、化学相容性所控制，与基体材料、增强材料及表面状态、制备工艺方法及参数等密切相关，而且由于界面区域本身很小、且不均匀，给研究工作带来了很大难度。金属基复合材料界面研究的主要内容包括：①增强相的选择和表面处理；②基体合金的合金化；③界面结合机制；④界面残余应力；⑤界面结合与复合材料性能的关系；⑥界面在复合材料塑性加工和机械加工中的行为和作用。

3. 稳定性和可靠性

性能的稳定性和可靠性问题也是制约金属基复合材料发展和应用的关键问题。复合材料的可靠性与其组分、设计、加工工艺和环境等密切相关。但迄今为止的金属基复合材料研究中,最令用户担心的是材料性能分散性过大问题。另外,由于组成复合材料的基体、增强体是异类材料,从热力学角度出发,组成复合材料的两个(或两个以上)组分界面处是不稳定的,一旦条件适宜,构成复合材料的各组分之间的界面将消失而成为统一体或在界面处生成新的相,使复合材料的性能显著变化,使用的可靠性难以保证。因此,必须对性能不稳定性的原因及机理进行研究,确定金属基复合材料可靠寿命的预测方法,并进一步完善评价、检测和监控的方法。

4. 设计理论和设计方法

复合材料的重要特点是材料的设计自由度大,可获得理想的性能或性能组合。从结构上讲,复合材料可在不同层次上进行设计,如原子、分子层次的微观结构设计,纳米、亚微米层次的亚微观设计,微米级层次的显微结构设计以及肉眼可视的宏观结构设计;从性能上讲,可以根据使用要求进行各种组合性能的设计,如强度-导电及导热性、刚度-线膨胀系数、强度-导热-热膨胀等。虽然目前已在强化理论、各种性能的复合准则等方面取得了一定成果,但设计的实验及理论基础尚不完善,多数设计还主要靠半经验的方法进行。计算机技术的应用,将进一步促进复合材料设计理论、设计方法的发展。

4.5.2 金属基复合材料的发展趋势

金属基复合材料在航空航天、国防、汽车等领域有着广泛的需求。据调查,2013年以前全球金属基复合材料市场的年增长率约为5.9%。在众多的应用领域中,陆上运输(包括汽车和轨道车辆)和高附加值散热组件仍然是金属基复合材料的主导市场,用量占比分别超过60%和30%,如图4-22所示。

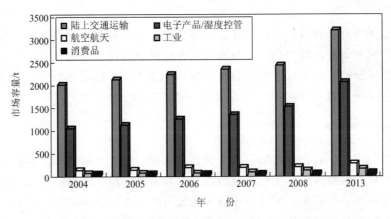

图4-22 金属基复合材料全球市场分析(2004—2013)

金属基复合材料消耗位居前三位的美国、欧洲、日本的消耗量已超过总质量的2/3。目前,我国在金属基复合材料的基础研究与应用基础研究方面与世界先进水平的差距已逐渐缩小,某些研究内容已经达到世界先进水平,这些都为金属基复合材料的广泛应用奠定了良好的基础。但就实际应用来看,我国仅有少数研制单位具有为国防和军工建设提供小批量部件的配套能力,尚未形成金属基复合材料产业及行业标准与军用标准,且金属基复合材料成本较高的问题还没有得到很好的解决。

随着我国在空间技术、航空航天、高速交通、通信电子等领域的综合实力的提升,对高性能金属基复合材料的需求将日益增加,并使其向着"结构复杂化"的方向不断发展。金属基复合材料的发展趋势可归纳为以下几方面。

1. 结构的优化和新型复合材料的开发

金属基复合材料的性能和功能之所以比其单质组分的性能和功能优越,主要得益于金属基复合材料在不同尺度、不同层次上的结构设计和结构优化。通过调整金属基复合材料的可变结构参数,如复合度、连接度、对称度、标度及周期性等,可以实现增强体在基体中的最优空间配置模式,从而进一步发掘金属基复合材料的性能潜力,赋予其广泛的变化空间,成为其研究发展的重要方向。

(1) 多元、多尺度结构设计

多元复合强化是通过引入不同种类、不同形态、不同尺度的增强相,利用多元增强体本身物性参数不同,通过相与相、以及相界面与界面之间的耦合作用呈现出比单一增强相复合条件下更好的优越性能。

(2) 韧化微结构设计

从传统意义上讲,金属基复合材料中增强体的加入往往是为了提高材料的强度、刚度等性能,而使其韧性和塑性降低,且在制备过程中,希望增强体在基体合金中能够均匀分布。但从微观结构韧化的角度却恰恰相反,希望在非连续增强金属基复合材料中出现一定数量、一定尺寸、均匀分布的未被增强的基体合金区域。这些纯基体区域作为韧化相将会起到阻止裂纹扩展、吸收能量的作用,从而提高复合材料的损伤容限,使其韧性和塑性得到改善。

(3) 层状结构设计

受自然界生物叠层结构达到强、韧最佳配合的启发,韧、脆交替的微叠层状金属基复合材料的研究越来越引起人们的关注,主要包括金属/金属、金属/陶瓷等微叠层材料,通过微叠层状结构来补偿单层材料内在性能的不足,满足各种各样的特殊应用需求,如耐高温材料、硬度材料、热障涂层材料等。

(4) 泡沫多孔结构设计

泡沫金属材料由于内部多孔结构的存在,具有轻质、减振、吸声、吸能、防火等特性,尤其是泡沫铝合金,可广泛用作夹层材料、基座材料、减振防护罩、汽车防撞结构以及建筑材料等。而颗粒增强金属基泡沫复合材料比普通泡沫金属材料具有更高的抗拉、抗压性能,因此具有更广泛的应用性。

(5) 三维网络结构设计

为了更有效地发挥陶瓷增强体的高刚度、低热膨胀系数等特性,除了提高金属基复合材料中陶瓷增强体的含量外,另一种有效的方法是使陶瓷增强体在基体合金中成为连续的三维骨架结构,从而以双连续的微结构来达到这一目的。可获得双连续微结构金属基复合材料的主要复合工艺是液态金属浸渗法。

2. 结构-功能一体化

金属基复合材料中增强体的加入，除了能使材料的强度得到提高外，在很多时候还可以使材料具有某些特殊的功能，如低膨胀、高导热、阻尼减振等，从而实现复合材料的结构-功能一体化。另外，随着科学技术的发展，许多使用环境对金属材料的要求不再局限于机械性能，而是要求在多场合服役条件下具有结构-功能一体化和多功能响应的特性，因此，结构-功能一体化也成为金属基复合材料的主要发展方向。

（1）低热膨胀系数金属基复合材料

低热膨胀系数金属基复合材料具有优异的抗热冲击性能，在变温场合使用时能够保持尺寸稳定性，因此在航天结构件、测量仪表、光学器件、卫星天线等工程领域具有重要的应用价值。据研究报道，可在金属基体中添加具有较低热膨胀系数、甚至负热膨胀系数的增强体作为调节其热膨胀系数的功能组元，例如 β-锂霞石（$Li_2O \cdot Al_2O_3 \cdot 2SiO_2$）、钨酸锆（$ZrW_2O_8$）、准晶（$Al_{65}Cu_{20}Cr_{15}$）等，可以有效地降低复合材料的热膨胀系数。

（2）高阻尼金属基复合材料

在实际应用中，不但要求高阻尼材料具有优异的减振与降噪性能，而且要求具有轻质、高强的结构性能。然而，二者在金属及其合金中通常是不兼容的。因此，金属基复合材料成为发展高阻尼材料的重要途径，即通过引入具有高阻尼性能的增强体，使增强体和金属基体分别承担提供阻尼与强度的任务。目前关注较多的高阻尼增强体包括粉煤灰空心微球（Fly ash）、形状记忆合金（TiNi、Cu-Al-Ni）、铁磁性合金、压电陶瓷（PbTiO）、高阻尼多元氧化物（$Li_5La_3Ta_2O_{12}$）、碳纳米管等。

（3）电磁屏蔽金属基复合材料

原子时代的到来，将大量的电及其相关电子产品带到了人们的生活中，同时也将电磁辐射污染带到了人们的身边。因此，大力开发电磁屏蔽材料，减少电磁辐射造成的危害，成为我国国民经济可持续发展战略中材料领域的一个重要课题。多层复合屏蔽材料可以克服单层材料难以实现宽频和综合屏蔽的不足，满足复杂电磁环境的屏蔽要求。目前，多以铜为基体材料，通过多层复合来实现较好的屏蔽效果。通过深入研究，希望开发具有更好屏蔽功能的其他金属基复合材料。

（4）高效热管理金属基复合材料

随着微电子技术的高速发展，微处理器及半导体器件的最高功率密度已经逼近 $1000W/cm^2$，在应用中常常因为过热而无法正常工作。散热问题已成为电子信息产业发展的技术瓶颈之一。新一代电子封装材料的研发主要以高热导率的碳纳米管、金刚石、高定向热解石墨作为增强体。

（5）梯度功能金属基复合材料

梯度功能金属基复合材料可以避免陶瓷与金属两者间的热膨胀系数、热导率、弹性模量及韧性等性能上的巨大差别所产生的过高的界面应力，通过成分的连续变化，从根本上解决金属基复合材料的界面应力问题，同时又保持了金属基复合材料的复合特性。梯度功能材料技术被认为是未来航空航天、核能等国防武器装备的核心关键技术，同时在信息工程、光电工程、民用及建筑方面也有着广阔的应用前景。

(6) 碳纳米管增强金属基复合材料

由于碳纳米管具有优异的力学、电学、热学等性能,在金属基体中引入碳纳米管作为增强体,所得的金属基复合材料往往可以呈现出更为理想的力学性能以及导电、导热、耐磨、耐蚀、耐高温、抗氧化等性能。随着碳纳米管价格的降低,碳纳米管增强金属基复合材料日渐成为研究的焦点。目前,虽然 Al、Cu、Mg、Ti、Fe 等基体都有所涉及,但是关于 Al 基和 Cu 基的研究相对集中。然而由于碳纳米管难于均匀分散及与基体界面结合困难,碳纳米管增强的金属基复合材料的制备工艺及性能还有待于进一步深入研究。

3. 制备与成型加工一体化

复合材料制备与成型加工水平的高低直接影响到复合材料性能的好坏和成本的高低。对于金属基复合材料而言,成型和加工技术难度大、成本高始终是困扰其工程应用的主要障碍,因此开发金属基复合材料的制备与成型加工一体化工艺具有重大的工程意义。

(1) 无压浸渗工艺

无压浸渗工艺是将合金块放在陶瓷颗粒制成的预制体上,在合金熔点以上保温,在特殊浸渗气氛(如氮、氩和氢混合气等)作用下,合金液依靠毛细管效应的作用自发进入预制体中而形成复合材料的过程。通过这种工艺可以实现近净成型制备结构颇为复杂的构件,并且在复合过程中不需要型壳或模具来约束,就可以直接获得尺寸及形位精度极高的制件。

(2) 原位自生合成工艺

原位自生合成工艺是指在用粉末冶金法或铸造法制备金属基复合材料过程中,通过原始组元之间的化学反应,原位生成增强体的工艺方法。通过此方法获得的复合材料界面无杂质污染,结合状态好,且省去了第二相的预合成,简化了制备工艺,降低了原材料成本,还能够实现材料的特殊显微结构设计并获得特殊性能,成为目前国内外的研究热点之一。

4. 工艺技术的低成本化

目前,金属基复合材料的应用领域仍然是以航空航天、军事和国防为主,其主要原因就是其成本高昂,因此,低成本化是金属基复合材料重要的发展趋势之一。要降低金属基复合材料的成本可以从原料成本和工艺成本两方面入手。颗粒增强的金属基复合材料因为价格低廉、便于工业化生产而具有良好的发展前景。另外,研究开发低成本的制备工艺(包括热加工和冷加工)也是势在必行。

5. 废料回收和环境友好化

随着金属基复合材料的制备技术和加工技术的日益成熟,金属基复合材料的应用越来越广泛。以 SiC/Al 复合材料为例,美国 Duralcan 公司每年的产量为 1.2×10^4 t,用以制备各种航空航天、先进武器系统、光学精密仪器、电子器件、汽车工业和体育用品等领域所需的复合材料零部构件。日本、德国、加拿大、俄罗斯和我国也都对颗粒增强铝基复合材料进行了大量研究和应用,但面对全球日益严峻的环境和能源问题,金属基复合材料的生态化技术及回收和再生研究备受关注,也已成为其研究的重点方向。

金属基复合材料从最初的连续纤维增强金属基复合材料用作高端航天飞机构件开始,到现今各种非连续增强金属基复合材料在电子产品、交通运输、运动器械等民用领域的应用，经历了跨越式发展，在基础理论研究及工程应用研究方面均获得了较多令人欣喜的研究成果。伴随着科学技术的飞速发展及世界经济的不断向前，金属基复合材料必将在人类社会发挥越来越重要的作用，继续书写光辉绚丽的篇章。

复习思考题

1. 金属基复合材料有哪些性能优点，请举例说明。
2. 采取哪些措施可以降低金属基复合材料的成本？
3. 怎样使金属基复合材料与环境相协调？
4. 结合实例说明金属基复合材料具有怎样的应用前景？

金属基复合材料发展战略

（上海交通大学金属基复合材料国家重点实验室　张荻）

金属基复合材料（MMCs）具有高比强度、高比刚度、耐热、耐磨、低热膨胀系数、高导热、优良的阻尼性能以及设计自由度大等优点，是一种兼具优良结构和功能性能的结构功能一体化先进材料，在航空航天、汽车、电子封装以及体育产业等领域具有重要的应用价值和广阔的应用前景。随着能源和环境问题对人类生存威胁日益加剧，交通运输、航空航天、电子信息、国防、工业以及体育产业等领域的深入发展，对兼具多种结构和功能于一身的轻质高强MMCs的需求越来越大。

全球对MMCs的研发一直在紧锣密鼓地进行，新一代的MMCs不断涌现。近年来，关于新一代MMCs的低成本制备方法、MMCs从科学到技术的转化等方面的报道不断出现，已经有多家权威商业机构对MMCs的研究发展前景以商业报告的形式进行了评估，认为国民经济和国防对MMCs具有重大的需求。从全球范围来看，目前，MMCs在交通运输、电子/热控、航空航天、国防、能源、工业和体育产业等领域的应用在持续增加。仅2000—2004年国际著名公司申请的有关MMCs的美国专利数量就达到170项。发达国家为推动MMCs的发展，相继推出了各自的研究计划，如日本经济产业省（MITI）的先进复合材料计划，美国国防制品法令（DPA Title Ⅲ）的非连续增强铝基复合材料计划，美国能源部（DOE）计划，美国国防研究计划署（DRAPA）的航空应用计划，美国的"NASA大型复合材料研究计划"，美国的"买得起的复合材料研究计划"，欧洲的"APRICOS研究计划"。其目标是：①发展航空和汽车发动机领域的MMCs；②帮助军事系统采用新兴技术，并提供充足的采购订单以保障产业化的实施；③非连续增强MMCs低成本制造技术。为此，相继成立了铝基复合材料联盟（ALMMC），钛基复合材料汽轮机部件联盟（TMCTECC），金属基复合材料评估计划（MMC‐ASSESS），旨在加大对MMCs的推动力度。在交通运输领域，用MMCs制造的汽车发动机活塞、汽车发动机气缸套、汽车传动轴、汽车发动机连杆、汽车阀杆、汽车制动组件、高速列车制动组件等已经得到应用；在热控领域，用 MMCs 制造的电子封装基板以及精密仪器已经得到应用；在航空航天领域，反射镜/光学平台、AlMMCs 电子设备安装支架、波音 777 发动机出口风扇导向叶片、N4 和 EC120 直升机转子叶片轴套、波音 787 推力连杆（Thrust Links）、飞机机械系统部件已经用 MMCs 制造；在工业领域，B_4C/Al 复合材料已经作为核废料存储用中子吸收。MMCs 在其他工业应用还包括石油钻塔张力调整器/煤矿绞车离合器等。在体育休闲领域，MMCs 用于制备自行车架及零件；在国防领域，MMCs 用于制备 F-16 战机加油口盖板、F-16 战机腹鳍、F-18 e/f 战机液压装置端头密封、三叉戟潜射导弹制导元件。

在高科技发展及能源环境双重压力下，发达国家通过国家项目与产学研一体化联盟，目前 MMCs 已经形成了应用规模，年增长率达 6%～10%。

我国国家中长期科学和技术发展规划纲要（2006—2020）制定了经济社会的全面、协调、可持续发展战略，重点领域及其优先主题包括：①高科技产业；②能源；③交通运输业；④制造业；⑤信息产业。相应地对 MMCs 产生了重大战略需求。在交通运输领域（以汽车和高速列车为代表），要求降低自重、节约燃油、降低排放、提高舒适性。根据《节能中长期专项规划》，到 2020 年乘用车平均油耗降低 30%，铁路运输综合能耗降低 13%。目前我国已成为世界最大汽车生产国，第二大石油消费国，第一大 CO_2 排放国。预计到 2020 年，我国汽车保有量将达到 1.3 亿～1.5 亿辆，国家一年至少需要 4.5×10^8 t（亿吨）原油。目前，我国汽车排放 CO_2 约占总排放量的 7%。按照中华人民共和国国家发展和改革委员会必须减少油耗的要求，我国组建了包括中国汽车工程学会、一汽、东风、吉利、奇瑞、宝钢、西南铝业等在内的中国汽车轻量化技术创新战略联盟，任务是进行汽车轻量化材料应用共性关键技术研究。实现包括传动轴、活塞、气缸套、连杆、阀杆和制动组件等汽车零部件用金属基复合材料制造的目标。用 MMCs 制造汽车组件，除自身减重外，还会带来相关零部件的协同减重，可带来节油和减排的双重效益。以活塞为例，如采用 MMCs 活塞不仅可以提高发动机的效率，而且每年可节油 14.4×10^4 t，节油 360×10^4 t 可以减排 CO_2 约 1160×10^4 t。目前我国已进入"高铁"时代，采用 MMCs 制动盘，如果列车出发间隔缩短到 15min，可带来 80×10^4 t 的 CO_2 减排效益。

在半导体照明产业领域，对于现有的 LED 光效水平而言，由于输入电能的 80% 左右转变成为热量，且 LED 芯片面积小，如果温度由 30℃ 升至 42℃，LED 寿命减少 50%。因此，芯片散热是 LED 封装必须解决的关键问题。

在核电领域，2006 年中国约有 1000t 核废料，到 2020 年会增加到 1.2×10^4 t，对具有防辐射功能的 MMCs 需求迫切。

在航天领域，载人航天工程、月球探测工程、高分辨率对地观测系统、新一代运载火箭工程和空间站结构件对轻质高强、尺寸稳定、抗射线辐照、抗冷焊、阻尼减振功能的金属基复合材料提出了需求。MMCs 的高比强度、高比模量、耐热性、耐磨性等性能同样能满足大飞机对材料的要求。

面对国民经济和国防对 MMCs 提出的重大需求，在发达国家对我国实行严格技术和材料保密封锁的背景下，我们只有从基础入手，励精图治，攻克技术难关，掌握具有自主知识产权的先进复合原理及技术，低成本、高效率地制备出高性能和高可靠性的多功能先进复合材料。

概括而言，MMCs的瓶颈问题包括以下两个方面。

（1）技术层面。复合制备难，表征评价难，加工连接难，韧性/塑性差。

（2）科学层面。缺乏有效多元体系复合理论设计，多元多相复合效应、界面效应不明，拟实模型与实际性能脱节。

为了克服这些瓶颈问题，如下关键问题必须解决。

（1）多相复合强化金属基复合材料原位自生体系热力学和动力学设计、过程预测和结构控制模型。

（2）多增强相形态、尺度及分布控制及其形成控制机理及多种类、多结构、多尺度、多形状、多层次、分级界面的构建。

（3）多增强相和多界面耦合机制和最佳匹配原则，界面微结构及其对耦合效应的影响规律。

（4）多相复合强化金属复合材料微观组织与强韧性能之间内在关系的获得和多相强化下界面设计准则建立。

（5）外载荷作用下，多相复合强化金属材料界面特征与行为动态变化规律。

以国家交通运输、电子、精密仪器、航空航天领域的重大需求为牵引，以轻质高强多功能为目标，紧密围绕金属材料的复合化和功能化，开展复合设计、复合制备加工、复合响应、复合拟实中的重大科学问题研究，构筑金属材料复合化的理论体系和平台，指导我国金属材料复合化的应用研究，打破国际封锁，建立自主的基础和应用研究体系，已成为科研工作者的光荣使命。

第 5 章
聚合物基复合材料及其应用

教学要求

教　学　目　标	知　识　要　点
掌握聚合物基复合材料的定义及其构成	聚合物基复合材料的定义、聚合物基复合材料的组成
掌握聚合物基复合材料的相关属性	聚合物基复合材料的性能特点
了解聚合物基复合材料的成型技术及其优、缺点	聚合物基复合材料的加工成型技术
了解聚合物基复合材料的作用及应用状况	聚合物基复合材料的应用
了解聚合物基复合材料的研究现状及发展趋势	聚合物基复合材料研究的热点及发展趋势

 引例

  2007年8月4日，由湖南太阳鸟游艇公司制造的双体豪华观光船"名人号"，从洞庭湖畔的太阳鸟游艇公司码头始发，经5天航行，于8月8日，顺利抵达上海，亮相黄浦江，成为上海世博会接待游客的定型船艇。该船号称"亚洲第一艇"，载员310人，船长36m，甲板宽10.4m，型深2.3m，静深水航速25km/h，续航力48h。船体采用高性能复合材料构成的双体、双机、双舵三层结构，采用真空浸渍与固化技术相结合，将玻璃纤维与碳纤维、芳纶纤维混织作为增强材料，乙烯基酯树脂作基体，并用PVC泡沫、巴沙木、PP蜂窝增加刚度，船艇的品质得到极大提升，使其成为一种全新风格的环保型、豪华型、先导型船艇的代表。图5-1所示为太阳鸟游艇公司制造的亚洲第一玻璃钢游览船"名人号"。

资料来源：http://wk.baidu.com

图 5-1 太阳鸟游艇公司制造的亚洲第一玻璃钢游览船"名人号"

5.1 聚合物基复合材料概述

5.1.1 聚合物基复合材料的定义

聚合物是指由许多相同的、简单的结构单元通过共价键重复连接而成的高分子量(通常可达 $10^4 \sim 10^6$)化合物,具有价廉、质轻、耐腐蚀、易加工成型等一系列特点,被广泛地应用于工农业和日常生活中。但对于用作工程结构和特殊性能的材料而言,单一的聚合物存在强度低、韧性差、隔热保温、隔声消音、抗静电功能不足的缺点。因此,可以通过向聚合物中添加增强材料的方法获得聚合物基复合材料来改善材料的性能。

聚合物基复合材料是以聚合物作为基体,以连续纤维等为增强材料而组成的复合材料。

5.1.2 聚合物基复合材料的组成

聚合物基复合材料主要是由基体材料、增强材料和助剂组成。

1. 聚合物基复合材料常用基体树脂

基体树脂在复合过程中经过一系列物理的、化学的及物理化学的复杂过程,与填充材料复合成具有一定形态结构的整体。在外加载荷作用下,基体材料除承担部分载荷外,还起到在填料间传递载荷,使载荷均衡的重要作用。另外,复合材料的其他性能(如压缩性能、剪切性能、耐热性能和耐介质性能等)及成型方法的选择均与基体材料密切相关。聚合物基复合材料常用基体材料的性能见表 5-1。

表 5-1 聚合物基复合材料常用基体材料的性能

材料	性能	密度 /(g/cm³)	拉伸弹性模量/GPa	抗拉强度/MPa	断裂伸长率/(%)	最高使用温度/℃	线膨胀系数/(10⁻⁶K⁻¹)
热固性塑料基体体系	EP 树脂	1.1～1.35	2.6～4.5	40～140	1.5～10.0	130～180	45～110
	UP 树脂	1.1～1.46	1.5～4.8	30～92	1.0～6.5	150～200	55～150
	VE 树脂	1.12～1.14	3.1～4.0	70～83	3.0～8.0	100～150	
	PF 树脂	1.25～1.32	2.8～3.5	42～63	0.3～2.0	150～175	45～110
	BMI 树脂	1.2～1.32	3.0～5.0	48～110	1.5～3.3	190～250	31～80
热塑性塑料基体体系	PP	0.9～1.24	0.5～7.6	20～80	3～887	100～140	80～200
	PA	1.0～1.17	1.2～4.0	40～100	5～460	90～180	70～90
	PET	13.～1.37	2.5～4.1	50～72	50～350	100～180	70
	PBT	1.17～1.54	1.5～5.2	30～105	5～300	140～150	130
	PEEK	1.3～1.46	3.1～8.3	90～105	2.5～100	240～315	40～50
	PPS	1.36～1.8	2.2～5.5	45～124	0.8～5	135～260	41～99
	PEI	1.26～1.7	2.7～6.4	62～152	1～97	170～215	56～62
	PES	1.36～1.58	2.4～8.6	83～126	2～75	171～220	55

(1) 热塑性树脂

热塑性树脂是指具有受热软化、冷却硬化的性能，而且不起化学反应，无论加热和冷却重复进行多少次，均能保持这种性能的一类树脂。常用作复合材料基体的热塑性树脂有聚烯烃树脂、氟树脂、聚酰胺树脂、聚酯树脂、聚甲醛树脂和聚丙烯腈-丁二烯-苯乙烯树脂（ABS）等。

① 聚烯烃树脂。聚烯烃是指由乙烯、丙烯、丁烯、戊烯、甲基戊烯等结构简单的 α-烯烃类单体单独聚合或共聚合而成的热塑性树脂。聚烯烃树脂是一类发展最快、品种最多的树脂，主要品种有聚异丁烯（PIB）、聚乙烯（PE）、聚丁烯（PB）和聚丙烯（PP）等。一般地，将产量最大且价廉的热塑性树脂称为通用塑料。

② 氟树脂。氟树脂是一类由乙烯分子中的氢原子被氟原子取代后的衍生物合成的聚合物。由于氟树脂的分子链结构中有 C—F 键，碳链外又有氟原子形成的空间屏蔽效应，故具有优异的化学稳定性、耐热性、介电性、耐老化性和自润滑性等。氟树脂的主要品种有聚四氟乙烯、聚三氟氯乙烯、聚偏氟乙烯、聚氟乙烯等。

③ 聚酰胺树脂。聚酰胺（PA）俗称尼龙，是主链上含有酰胺基团（—NHCO—）的高分子化合物。聚酰胺可由二元胺和二元酸通过缩聚反应制得尼龙 nm，n 为二元胺中的碳原子数，m 为二元羧酸中的碳原子数（如尼龙66），也可由 ω-氨基酸或内酰胺通过自聚反应制得（如尼龙6等）。

④ 聚甲醛树脂。聚甲醛（POM）是一种没有侧链、高密度、高结晶性的线型聚合物，

具有优异的综合性能。按分子链化学结构的不同，聚甲醛可分为均聚聚甲醛和共聚聚甲醛两种。

⑤ 聚酯树脂。聚酯树脂是一类由多元酸和多元醇经缩聚反应得到的在大分子主链上具有酯基重复结构单元的树脂。涤纶则是苯二甲酸与乙二醇缩聚的产物，是线型聚酯树脂中最重要一类产品。

⑥ ABS树脂。ABS树脂是丙烯腈-丁二烯-苯乙烯三种单体的接枝共聚物，因而兼具三种组分材料的性能，如丙烯腈的耐化学腐蚀性和硬度、丁二烯的韧性和苯乙烯的良好加工性。

（2）热固性树脂

热固性树脂是指在热和化学固化剂等的作用下，能发生交联而变成不溶状态的树脂，它的性能对复合材料的性能有直接影响。典型的热固性树脂有不饱和聚酯树脂、环氧树脂、酚醛树脂、脲醛树脂、有机硅树脂等。

① 不饱和聚酯树脂。不饱和聚酯树脂是指不饱和聚酯溶在乙烯基类交联单体（如苯乙烯）中形成的溶液。不饱和聚酯由不饱和二元羧酸（或酸酐）、饱和二元羧酸（或酸酐）与多元醇缩聚而成。不饱和聚酯树脂主要种类有二酚基丙烷型不饱和聚酯树脂、乙烯基聚酯树脂和邻苯二甲酸二烯丙基酯树脂等。

② 环氧树脂。环氧树脂是指分子中含有两个或两个以上环氧基团的一类新型树脂，其相对分子质量普遍不高。由于环氧树脂具有优异的化学性能、良好的加工性能和广泛的适应性，故应用广泛，消耗量大。根据分子结构，环氧树脂可分为五大类、缩水甘油醚类、缩水甘油酯类、缩水甘油胺类、线型脂肪族类和脂环族类。

③ 酚醛树脂。酚类和醛类在酸或碱催化剂作用下合成的缩聚物称为酚醛树脂。它是一种开发最早的热固性树脂。由于其造价低廉，合成方便，以及树脂固化后某些突出的性能，应用较为广泛。应用酸或碱催化剂，可合成热固性酚醛树脂和热塑性酚醛树脂。此外，通过合成过程中体型缩聚控制，还可得到一阶或二阶热固（塑）性酚醛树脂。

④ 脲醛树脂。脲醛树脂是由尿素和甲醛合成的热固性树脂，它是开发较早的树脂之一，主要用作木材的黏结剂和涂料。

此外，热固性树脂还包括三聚氰胺甲醛树脂、呋喃树脂、1,2-聚丁二烯树脂、丁苯树脂和有机硅树脂几种。

（3）工程树脂

工程树脂是指具有特殊性能的树脂，分为ABS、聚砜、氯化聚醚、聚四氟乙烯等热塑性工程树脂和酚醛树脂、环氧树脂和聚酯树脂等热固性工程树脂两类。工程树脂往往呈现出优异的阻燃、耐高温、耐辐射、尺寸稳定、化学稳定等性能，常被用于制作承载构件、机械零部件及具有特殊要求的管道、容器、防火器材等。

（4）无定型树脂和结晶树脂

无定型树脂是指分子排列无序的树脂，无序不仅指分子链之间排列无序，就同一分子链内部分子也是无序地混乱堆砌，无明显熔点，熔融流动范围较宽。结晶型树脂是指大分子链排列远程有序，相互规则折叠，整齐堆砌的一类树脂，有明确的熔点或熔程温度范围较窄。

2. 聚合物基复合材料常用增强材料

用于聚合物基复合材料的增强材料种类较多，可分为有机增强体和无机增强体两大类，从物理形态上又可分为微粒、薄片、纤维等不同的种类。在各种形态的增强材料中，纤维状增强体（尤其是连续纤维）的增强效果最好。根据美国空军材料试验所（AFML）和美国国家航空航天局（NASA）的规定，增强体的比强度、比模量分别在 $6.5×10^6$ cm、$6.5×10^8$ cm 以上的纤维称为高性能纤维，用这些纤维增强的材料称为先进复合材料。

① 无机增强体。无机增强体主要有玻璃纤维、碳纤维、硼纤维、碳化硅纤维、氧化硅纤维、石棉及金属纤维等。

② 有机增强体。有机增强体主要有芳纶纤维、超高相对分子量聚乙烯纤维、聚酯纤维、棉、麻、纸等。

下面简单介绍几种常用的纤维增强体。

(1) 玻璃纤维。玻璃纤维是将熔融的玻璃液以极快的速度拉成细丝制成的，是一种具有优异性能的无机非金属材料，具有不燃、耐高温、电绝缘、拉伸强度高、化学稳定性好等性能。另外，由于玻璃纤维很细，故质地柔软、弹性好，可并股、加捻、织成各种玻璃布和玻璃带等。玻璃纤维是使用较早的聚合物基复合材料增强体。

(2) 碳纤维。碳纤维是由有机纤维，如黏胶纤维、聚丙烯腈、沥青纤维在保护气氛（N_2 或 Ar）作用下，处理碳化成为含碳量 90%～99% 的纤维。碳纤维具有低密度、高强度、低电阻、高导热、低热膨胀系数等性能，是一类高性能的纤维增强材料。

(3) 硼纤维。硼纤维通常是以钨丝和石英为芯材，采用化学气相沉积法在上面包覆硼而得到的复合纤维。硼纤维几乎不受酸、碱和大多数有机溶剂的侵蚀，绝缘性良好，有吸收中子的能力，且质地柔软，属于耐高温的无机纤维。硼纤维是作为尖端复合材料的增强材料开发而成的。

(4) 碳化硅纤维。碳化硅纤维是以有机硅化合物为原料经纺丝、碳化或气相沉积而制得具有 β-碳化硅结构的无机纤维。碳化硅纤维的最高使用温度达 1200℃，是一种具有高强度、高模量、优异抗氧化性、耐高温、耐腐蚀、抗中子辐射及具有电磁波透过、吸收特性的陶瓷纤维，是热结构复合材料理想的增强纤维品种之一。

(5) 芳纶纤维。主链由芳香环和酰胺基构成，每个重复单元中酰胺基的氮原子和碳基均直接与芳环中的碳原子相连接的聚合物称为芳香族聚酰胺树脂，由其纺成的纤维总称为芳香族聚酰胺纤维，简称芳纶纤维。芳纶纤维种类繁多，但主要分为全芳族聚酰胺纤维和杂环芳族聚酰胺纤维。

(6) 有机杂环类纤维。在高分子主链中含有苯并双杂环的对位芳香聚合物如聚苯并噁唑、聚苯并咪唑等的有机杂环类刚性棒状结构的纤维，被认为是一种新型高分子材料纤维，它是将合成的棒状芳杂环聚合物在液晶相溶液状态下经纺丝而制得的。有机杂环类纤维的力学性能较芳香族聚酰胺类纤维有所提高，且其热稳定性更接近于有机聚合物晶体的理论极限值。

(7) 超高分子量聚乙烯纤维。超高分子量聚乙烯纤维是以重均分子量大于 10^6 的粉体超高分子量聚乙烯为原料，采用凝胶纺丝方法，再加上超倍拉伸技术制得的纤维。目前，已商品化的几种超高分子量聚乙烯纤维的密度均小于 $0.97 g/cm^3$，是芳纶纤维的 2/3，是高模量碳纤维的 1/2，成为当前已研制出的高性能纤维中密度最小的一种。

（8）玄武岩纤维。玄武岩纤维是以纯天然火山岩为原料，在 1450℃～1500℃熔融后，通过铂铑合金拉丝漏板高速拉制而成的连续纤维，除具有高强度、高模量特性外，还具有抗氧化、抗辐射、过滤性好等特点，是一种性价比较高的纯天然无机非金属材料，也是一种可以满足国民经济基础产业发展需求的新的基础材料和高技术纤维。表 5-2 所示为聚合物基复合材料常用增强纤维的性能。

表 5-2 聚合物基复合材料常用增强纤维的性能

		密度/(g/cm³)	直径/μm	拉伸弹性模量/GPa	抗拉强度/MPa	断裂伸长率/(%)	线膨胀系数/($10^{-6}K^{-1}$)
碳纤维	PAN-HM	1.85	5～8	250～850	1990～3500	0.4～0.8	−1.08～−0.5/7～12.5
	PAN-IM	1.77	5	230～320	4000～700	1.5～2.5	−1/7～12.5
	PAN-HT	1.82	7	210～270	3200～4400	1.5～2.1	−0.455～−0.1/10～31
	PAN-HMS	1.92	5～7	400～700	3100～4500	0.5～1.1	−1.2/10～31
	Pach	2.1	10	400～800	1800～3200	0.25～0.75	−1.6～0.9/7.8
玻璃纤维	E 玻璃	2.55	3～20	72～76	1600～3400	3.4～4.5	−1.0～−0.5 各向异性
	B/S 玻璃	2.55/2.49	8～14	86	4400～4600	～5.0	2.9～5.6 各向异性
芳纶纤维	Kelvar29/TwaronIM	1.45	12	58～83	2600～3600	3.4～4.4	−3.5～−2.0/12～60
	Kelvar49/TwaronHM	1.44	12	120～135	2600～3600	1.9～2.9	−5.2～−2.0/17～60
聚乙烯纤维	DynomaSK60	0.97	13～25	87	～2700	3.5	−12.1/23.2
	Spertra900	0.97	38	112	2600～3000	3.5	−12.1/22.3
	Spertra1000	0.97	13～28	172	～3000	2.7	−12.1/25.8
	玄武岩纤维	2.6～2.8	11～15	84～89	4000～4300	3.15	5.5 各向异性
天然纤维	亚麻纤维	1.5	11～20	25～100	750～1100	1.4～4	—
	黄麻纤维	1.3～1.4	200	2.5～27	320～533	2.5	—
	剑麻	1.3～1.45	50～200	9～22	390～640	3～7	—

除纤维状增强体外，晶须也是聚合物基复合材料中应用较多的增强材料。晶须是一类在人为控制条件下生长的缺陷很少的细长单晶纤维，通常直径为 0.1μm 至几微米，长度一般为数十至数千微米的高强度须状材料。质量好的晶须结构比较完整，原子排列高度有序，强度接近原子结合力的极限，某些晶须还具有特殊的物理性能，可使其增强的复合材料具有高的绝缘性能、抗电磁干扰等性能。

晶须主要包括有机化合物晶须、金属晶须和陶瓷晶须三大类。相比之下，陶瓷晶须的强度、模量及耐热性、耐磨性均优于其他两类，是开发研究的重点，具有工业应用价值。常用晶须的物理性能见表 5-3。

表 5-3 常用晶须的物理性能

物理性能 晶须种类	熔点/℃	密度/(g/cm³)	拉伸强度/GPa	弹性模量/GPa
BeO	2570	2.85	13	350
B₄C	2450	2.52	14	490
α-SiC	2316	3.15	—	480
β-SiC	1600	3.19	3~14	400~700
Si₃N₄	1690（升华）	3.18	13.7	380
C	3650	1.66	19.6	710
TiN	—	5.20	7	200~300
AlN	2199	3.30	6.9	340
MgO	2799	3.60	—	340
Cr	1890	7.20	9	240
Cu	1080	8.91	3	120
Fe	1540	7.83	13	200
Ni	1450	8.97	4	210
ZnO	1720（升华）	5.78	>10	354
聚甲醛	184	1.42	—	>100

3. 聚合物基复合材料常用助剂

为了改进树脂基体的工艺性能以及制品的性能，降低成本，需要在基体配方中加入适当的辅助剂，常用的辅助剂有以下几种。

（1）固化剂、引发剂与促进剂

对于环氧树脂这样的热固性结构，必须用固化剂使它交联成网络状的大分子结构，成为不溶不熔的固化产物。不饱和聚酯树脂的固化可以在加热条件下采用引发剂，或在室温下使用引发剂和促进剂加速进行。

（2）稀释剂

室温下黏度是基体的一项重要工艺性指标，为了降低树脂黏度以符合工艺要求，需要在树脂基体中加入一定的稀释剂。稀释剂一般分为非活性和活性两大类，非活性稀释剂不参与树脂的固化反应，而活性稀释剂则参与固化反应。常用的非活性稀释剂有丙酮、乙醇、甲苯等溶剂；常用的活性稀释剂有环氧丙烷、丁基醚、水甘油醚等。

(3) 增韧剂、增塑剂

为了降低固化后树脂的脆性，提高冲击强度，常在树脂中加入增韧剂或增塑剂。常用的增塑剂有邻苯二甲酸酯（如二丁酯、二辛酯）、磷酸酯等；增韧剂多为带有活性基团的线型聚合物，如聚酰胺、丁腈橡胶等。

(4) 触变剂

在树脂中加入触变剂，能够提高基体在静止状态下的黏度，在糊制大型制品，特别是垂直面时，可以避免树脂下流，提高制品质量。常用的触变剂有活性二氧化硅，加入量一般为 1%～3%。

(5) 填料

树脂中加入一定量的填料，能改善其性能、降低成本。常用的填料有瓷土、石英粉、云母等。

(6) 颜料

为了制造彩色的复合材料制品，必须在树脂中加入一定量的颜料或染料。常用颜料的用量为树脂质量的 0.5%～5%。

5.1.3　聚合物基复合材料的分类

聚合物基复合材料通常是按照基体树脂和增强体的种类进行分类的。就加工性能而言，树脂种类可划分为热塑性树脂和热固性树脂两大类。就几何形状而言，增强体可分为纤维型和颗粒型两大类。此外，还有粒状填料和纤维同时填充的增强树脂，称为混合（杂）复合聚合物材料体系。聚合物基复合材料的分类如图 5-2 所示。

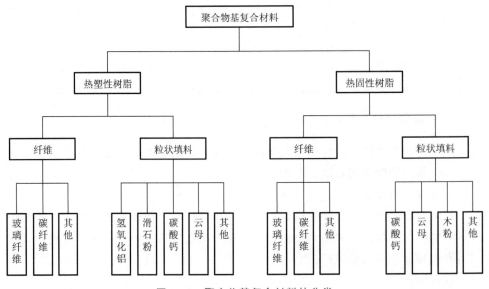

图 5-2　聚合物基复合材料的分类

5.1.4 聚合物基复合材料的发展历程

聚合物基复合材料于1932年最早出现在美国,1940年以手糊成型制成了玻璃纤维增强聚酯的军用飞机的雷达罩,其后不久,美国莱特空军发展中心设计制造了一架以玻璃纤维增强树脂为机身和机翼的飞机,并于1944年3月在莱特-帕特空军基地试飞成功。从此纤维增强复合材料开始受到军界和工程界的关注。第二次世界大战以后这种材料迅速扩展到民用,风靡一时,发展很快。1946年,纤维缠绕成型技术在美国出现,为纤维缠绕压力容器的制造提供了技术储备。1949年,研究成功玻璃纤维预混料并制出了表面光洁,尺寸、形状准确的复合材料模压件。1950年,真空袋和压力袋成型工艺研究成功,并制成直升机的螺旋桨。20世纪60年代,美国利用纤维缠绕技术,制造出北极星、土星等大型固体火箭发动机的壳体,为航天技术开辟了轻质高强结构的最佳途径。在此期间,玻璃纤维-聚酯树脂喷射成型技术得到了应用,使手糊工艺的质量和生产效率大为提高。1961年,片状模塑料(Sheet Molding Compound,SMC)在法国问世,利用这种技术可制出大幅面表面光洁,尺寸、形状稳定的制品,如汽车、船的壳体以及卫生洁具等大型制件,从而更扩大了树脂基复合材料的应用领域。1963年前后,在美、法、日等国先后开发了高产量、大幅宽、连续生产的玻璃纤维复合材料板材生产线,使复合材料制品形成了规模化生产。拉挤成型工艺的研究始于20世纪50年代,20世纪60年代中期实现了连续化生产,20世纪70年代产生了重大的突破。20世纪70年代树脂反应注射成型(Reaction Injection Molding,RIM)和增强树脂反应注射成型(Reinforced Reaction Injection Molding,RRIM)两种技术研究成功,进一步改善了手糊工艺,使产品表面光洁,现已大量用于卫生洁具和汽车的零件生产。1972年,美国PPG公司研究成功热塑性片状模型料成型技术,1975年投入生产。这种复合材料最大特点是改变了热固性基体复合材料生产周期长、废料不能回收问题,并能充分利用塑料加工的技术和设备,因而发展得很快。制造管状构件的工艺除缠绕成型外,20世纪80年代又发展了离心浇注成型法,英国曾使用这种工艺生产10m长的复合材料电线杆、大口径受外压的管道等。

中国的复合材料起始于1958年,首先用于为国防配套的军工制品,包括火箭发动机壳体、导弹头部、火箭筒、枪托、炮弹引信、高压气瓶、飞机螺旋桨等。研究初期,曾引进捷克的UPR和苏联的酚醛模压与卷管技术。进入20世纪60年代,我国已基本掌握成型、层压、模压、布带缠绕、纤维缠绕工艺及设备设计技术,并自行研制成功纤维缠绕理论及卧式、立式、行星式纤维缠绕机及相关产品。20世纪70年代以后,玻璃钢复合材料逐渐转向民用。1981年复合材料的年产量为$1.5×10^4$t,到1986年达到$6.5×10^4$t,年增长率为13%。如今,通过自主创新与吸收国际先进技术,聚合物基复合材料在中国已成为星罗棋布的朝阳产业,其制造技术也由原来的手糊工艺逐步向机械化转变。神舟飞船上天,其返回舱主承力结构,低密度SMC等FRP件荣获国家科技进步二等奖,标志着我国复合材料科学技术已臻世界先进水平。由我国自主开发的纤维缠绕管道制造方面的专利有30多项,新疆某输水重点工程成功地采用了ϕ3.1m玻璃钢管,单管长12m,重16t,工程一次安装通水成功无泄漏。图5-3所示为用国产设备生产的大口径玻璃钢夹砂管道。

图 5-3 用国产设备生产的 DN4000，压力为 0.25MPa、刚度为 7500Pa 的大口径玻璃钢夹砂管道

5.2 聚合物基复合材料的性能特点

近年来，聚合物基复合材料发展迅速，应用范围不断扩大，除了成本和造价低廉外，还主要得益于它自身的一系列其他材料无法比拟的特性。聚合物基复合材料的性能特点主要有以下几点。

1. 轻质高强

聚合物基复合材料的突出特点是比强度、比模量高，这主要是由高性能、低密度的增强纤维的加入而产生的。玻璃纤维增强的树脂基复合材料的密度为 $1.5\sim2.0\text{g/cm}^3$，只有普通钢密度（7.8g/cm^3）的 1/5～1/4，比铝合金还要轻 1/3；但其机械强度却能超过普通钢的水平。几种典型聚合物基复合材料的比强度及比模量见表 5-4。

表 5-4 几种常用金属及聚合物基复合材料的比强度、比模量

性能 材料	密度 /(g/cm³)	拉伸强度 /GPa	弹性模量 /(10^2 GPa)	比强度 /(10^6 cm²/s²)	比模量 /(10^8 cm²/s²)
钢	7.8	1.03	2.1	1.3	2.7
铝合金	2.8	0.47	0.75	1.7	2.6
钛合金	4.5	0.96	1.14	2.1	2.5
玻璃纤维复合材料	2.0	1.06	0.4	5.3	2.0
碳纤维Ⅱ/环氧复合材料	1.45	1.50	1.4	10.3	9.7
碳纤维Ⅰ/环氧复合材料	1.6	1.07	2.4	6.7	15
有机纤维/环氧复合材料	1.4	1.40	0.8	1.0	5.7
硼纤维/环氧复合材料	2.1	1.38	2.1	6.6	10
硼纤维/铝基复合材料	2.65	1.0	2.0	3.8	7.5

2. 耐疲劳性能好

金属材料的疲劳破坏常常是没有明显征兆的突发性破坏，在猝不及防的情况下常会造成严重的人员伤亡和财产损失。而聚合物基复合材料中填料和基体的界面能阻止裂纹的扩展，因此，其疲劳破坏总是从填料（如纤维）的薄弱环节开始，逐渐扩展到结合面处，破坏前有明显的预兆。大多数金属材料的疲劳强度极限是其拉伸强度的30%~50%，而碳纤维/聚酯复合材料的疲劳强度极限可达到其拉伸强度的70%~80%。

3. 减振性好

一般而言，受力结构的自振频率除与结构本身形状有关外，还与结构材料的模量的平方根成正比。由于聚合物基复合材料的比模量高，因此用这类材料制成的结构件具有较高的自振频率。此外，基体与增强体之间的界面具有吸振能力，使材料的振动阻尼很高。对相同形状和尺寸的梁进行振动试验，结果表明，轻合金梁需9s才能停止振动，而树脂/碳纤维复合材料梁只需2s就停止了同样的振动。

4. 耐烧蚀性能好

聚合物基复合材料的组分具有高的比热容、熔化热和气化的特征。在很高的温度下，它们能吸收大量的热能。因此，为保护进出大气层的飞行器内的人员安全，常用聚合物基复合材料做耐热烧蚀材料。

5. 耐化学腐蚀和耐候性好

聚合物基复合材料与普通金属的电化学腐蚀机理不同，其制品表面电阻值为1×10^{16}~$1\times10^{22}\Omega$，在电解质溶液中不会有离子溶解出来，因而对大气、水和一般浓度的酸、碱、盐等介质有良好的化学稳定性，特别是在强非氧化性酸和相当广泛的pH范围内的介质中都有良好的适应性，可替代不锈钢。若在树脂基体中加入相关的辅料，则可以有效改善材料的耐老化、耐候等性能。

6. 可设计性好

聚合物基复合材料可以根据不同的使用要求，进行灵活的产品设计，具有很好的可设计性。纤维增强的复合材料的物理、力学性能除了与树脂和纤维的种类、相对含量有关外，还与纤维的排列方向、铺层次序和层数息息相关。因此，可以通过选取合适的组分材料和铺层设计来实现制件的优化设计，并赋予其各种所需的性能，达到安全可靠、经济合理的目的。

7. 工艺性能好

聚合物基复合材料制品制备工艺简单，适合整体成型，从而减少了零部件、紧固件和接头的数目。此外，所用生产设备简单，加工周期短，成本远低于金属制件。

聚合物基复合材料存在的缺点和问题主要如下。

(1) 材料工艺的稳定性差。
(2) 材料性能的分散性大。
(3) 长期耐高温与抗环境老化性能差。
(4) 抗冲击性能低。
(5) 横向强度和层间剪切强度低。

5.3 聚合物基复合材料的成型加工技术

聚合物基复合材料的制造过程可分为以下几个阶段：原辅材料的准备、坯料的成型、制件的后续处理和机械加工。原辅材料的准备阶段包括树脂、溶剂、固化剂、促进剂、填料和颜料等的配制；增强材料的处理及浸渍；模具的清理及涂覆脱模剂。坯料的成型阶段主要是采用某种成型方法而成型，并进行固化定型和脱模，得到初级制件；制件后续处理包括制件的热处理、加工修饰及检验，最终获得复合材料制品。

聚合物基复合材料的制造方法很多，在生产中采用的主要成型方法有手糊成型、模压成型、层压或卷制成型、缠绕成型、拉挤成型、喷射成型、离心浇注成型、树脂传递成型、夹层结构成型、真空浸胶成型、挤出成型、注射成型、热塑性片状模塑料热冲压成型。下面对几种常用的成型工艺进行简单介绍。

【手糊成型工艺】

1. 手糊成型工艺

手糊成型是以手工作业为主成型复合材料制件的方法，所使用的一些设备、工具只是完成辅助性工作。手糊成型工艺流程如图 5-4 所示。

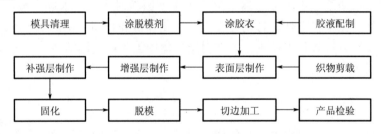

图 5-4 手糊成型工艺流程图

手糊成型分湿法与干法两种：湿法手糊成型是将增强材料用含或不含溶剂胶液直接裱糊，其浸渍和预成型过程同时完成；干法手糊成型则是采用预浸料按铺层序列层贴面预成型。将浸渍和预成型过程分开，获得预成型毛坯后，再用模压或真空袋-热压罐的成型方法固化成型。手糊成型工艺示意如图 5-5 所示。

手糊成型工艺的优点是操作简便，易学易懂，容易掌握；设备简单，对设备的依赖性小；产品形状和尺寸不受限制；投资小，适合乡镇企业。手糊成型工艺的缺点是生产效率低，劳动条件差，劳动强度大；产品质量稳定性差，受操作人员技能水平及制作环境条件的限制。

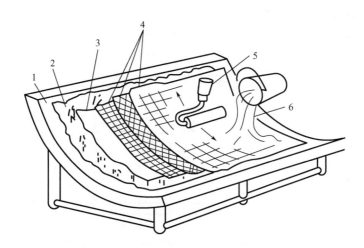

图 5-5 手糊成型工艺示意图

1—模具；2—脱模剂；3—胶衣层；4—玻璃纤维增强材料；5—手动压辊；6—树脂

手糊成型工艺特别适用于用量少、品种多、大型或较复杂制品的成型。我国玻璃钢工业生产中手糊成型工艺占有很大比重，中小玻璃钢厂大都以手糊为主，大型玻璃钢企业乃至一些科研院所仍然不能取消手糊成型工艺。手糊成型玻璃钢制品如图 5-6 所示。

图 5-6 手糊成型玻璃钢制品

2. 模压成型工艺

模压成型工艺是将一定量的模压料（粉状、粒状或纤维状等）放入金属对模中，在一定的温度和压力作用下，材料充满模腔，固化成型而获得制品的一种方法，其工艺流程如图 5-7 所示。在模压料充满模腔的流动过程中，不仅树脂流动，增强材料也要随之流动，所以模压成型工艺属于高压成型。模压成型工艺如图 5-8 所示。

【模压成型工艺】

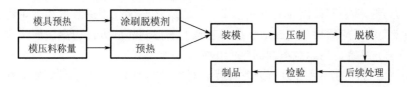

图 5-7 模压成型工艺流程图

模压成型工艺的优点：重现性好，不受操作者和外界条件的影响；操作环境清洁卫生，改善了劳动条件；流动性好，可成型异形制品；生产效率高，成型周期短，易实现全自动机械化。模压成型工艺的缺点是模具设计制造复杂，压机及模具投资较大；制品尺寸受设备限制，一般只适合制造批量大的中、小型制品。

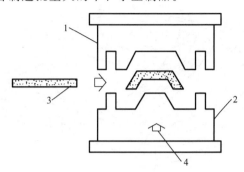

图 5-8 模压成型示意图
1—阴模；2—阳模；3—毛坯；4—测温点

随着金属加工技术、压机制造水平、合成树脂工艺性能的不断改进和发展，以及模压料成型温度和压力的降低，模压成型制品的尺寸逐步向大型化方向发展，目前已能生产大型汽车部件、浴盆、整体卫生间组件等。

3. 层压成型工艺

层压成型工艺是将浸有或涂有树脂的片材层组成叠合体，送入层压机，在加热和加压条件下，固化成型玻璃钢板材或其他形状简单的复合材料制品的一种方法。层压成型工艺主要工序包括胶布剪裁、叠合、热压、冷却、脱模、加工和后续处理等，热压成型时的温度、压力、时间是三个主要工艺参数，其选取主要取决于合成树脂和固化特征。

根据所用增强材料的类别，层压板可以分为纸层压板、木层压板、棉纤维层压板、石棉纤维层压板、玻璃纤维层压板和碳纤维层压板等多种。

层压成型工艺主要用于生产各种规格、不同用途的复合材料板材，具有产品质量稳定，机械化、自动化程度高，适于批量生产等特点，但一次性投资较大。

【缠绕成型工艺】

4. 缠绕成型工艺

缠绕成型工艺是将连续纤维经过浸胶后，按照一定的方式缠绕到芯模上，然后在一定的温度下固化，制成一定形状制品的过程。

缠绕成型工艺分为干法缠绕、湿法缠绕和半干法缠绕三种。干法缠绕是使用预先浸有树脂的预浸带缠绕于芯模获得制品的方法；湿法缠绕是连续纤维经过胶槽浸胶后直接缠绕于芯模上制得制品的方法；半干法缠绕是连续纤维浸胶后经一烘烤装置使纤维上的胶液初步交联反应后再不间断地缠绕于芯模上制得制品的方法。湿法缠绕成型工艺流程如图 5-9 所示。缠绕成型示意图如图 5-10 所示。

缠绕成型所制得的产品可以充分发挥复合材料的特点，使制品最大限度地获得所要求的结构性能。作为一种复合材料机械化生产程度较高的制造技术，经过半个多世纪的发展，其原材料的生产已成为一个工业体系，缠绕设备不断得到完善和发展，产品从航空航天、国防到工业民用领域均得到了充分的应用。

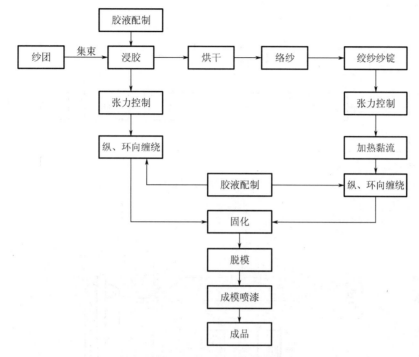

图 5-9 湿法缠绕成型工艺流程图

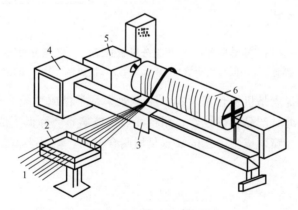

图 5-10 缠绕成型示意图
1—连续纤维；2—树脂槽；3—纤维输送架；4—输送架；
5—芯模驱动器；6—芯模

5. 喷射成型工艺

喷射成型一般是将分别混有促进剂和引发剂的不饱和聚酯树脂从喷枪两侧（或在喷枪内混合）喷出，同时将玻璃纤维无捻粗纱用切割机切断并由喷枪中心喷出，与树脂一起均匀沉积到模具上，待沉积到一定厚度，用手辊滚压，使纤维浸透树脂、压实并除去气泡，最后固化成制品的方法。喷射成型工艺流程如图 5-11 所示，示意图如图 5-12 所示。

【喷射成型工艺】

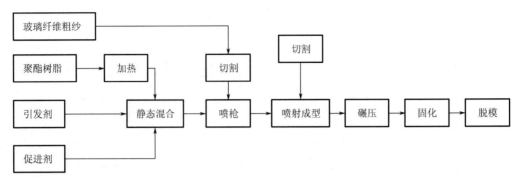

图 5-11 喷射成型工艺流程图

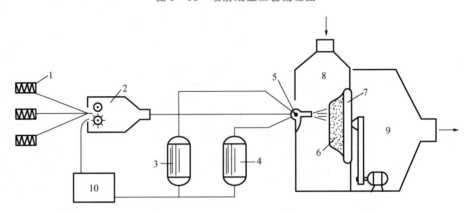

图 5-12 喷射成型工艺示意图

1—无捻粗纱；2—玻璃纤维切断器；3—甲组分树脂储罐；4—乙组分树脂储罐；5—喷枪；
6—产品器；7—回转模台；8—隔离室；9—抽风罩；10—压缩空气

喷射成型工艺的优点是机械化程度高，生产效率是手糊成型的 2~4 倍，适用于大型玻璃钢制品；无搭接缝，产品整体性好；用粗纱取代玻璃布，降低了成本；减少飞边、剪屑和胶液的剩余损耗。喷射成型工艺的缺点是树脂含量高，制品强度低，现场粉尘大，需要隔离操作。

6. 树脂传递模塑成型工艺

【树脂传递模塑成型工艺】

树脂传递模塑成型是一种采用对模方法制造聚合物基复合材料制品的工艺，其基本工艺过程为：将液态热固性树脂及固化剂，由计量设备分别从储桶内抽出，经静态混合器混合均匀，注入事先铺有玻璃纤维增强材料的密封模内，经固化、脱模、后续加工而成制品。其工艺流程如图 5-13 所示，示意图如图 5-14 所示。

树脂传递模塑成型的优点是模具制造和材料选择灵活性强；能够制造具有良好表面质量、高尺寸精度的复杂构件；模塑的构件易实现局部增强、夹芯结构；闭模操作，工作环境清洁。

随着汽车以及航空航天、建筑等行业的飞速发展，树脂传递模塑成型将在各行业产品性能要求高、外观美、改性快的基础上，在批量小、大制品产生上发挥巨大的优势。

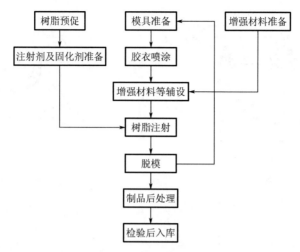

图 5-13 树脂传递模塑成型工艺流程

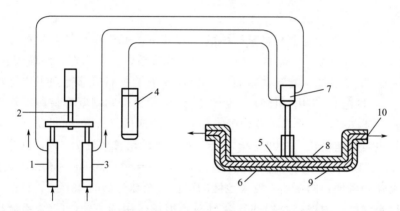

图 5-14 树脂传递模塑成型工艺示意图
1—比例泵；2—树脂泵；3—催化剂泵；4—冲洗剂；5—树脂基体；6—增强材料毛坯；
7—混合器；8—阳模；9—阴模；10—排气孔

7. 袋压成型工艺

【袋压成型工艺】

袋压法是低压成型工艺。其成型过程是用手工铺叠方式，将增强材料和树脂（含预浸材料）按设计方向和顺序逐层铺放到模具上，达到规定厚度后，经加压或抽真空、加热、固化、脱模、修正而获得制品。

袋压成型工艺分压力袋法和真空袋法两种。压力袋法是将手糊成型未固化的制品放入一橡胶袋，固定好盖板，然后通入压缩空气或蒸汽（0.25～0.5MPa），使制品在热压条件下固化，其示意图如图 5-15 所示；真空袋法是将手糊成型未固化的制品，加盖一层橡胶膜，制品处于橡胶膜和模具之间，密封周边，抽真空（0.05～0.07MPa），使制品中的气泡和挥发物排除，制品表面更加致密，其示意图如图 5-16 所示。

袋压成型法的优点是产品两面光滑；能适应聚酯、环氧和酚醛树脂；产品质量比手糊工艺高。

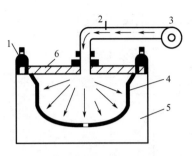
图 5-15 压力袋法成型工艺示意图
1—密封夹紧装置；2—压缩空气；3—空气压缩机；
4—压力袋；5—模具；6—盖板坯

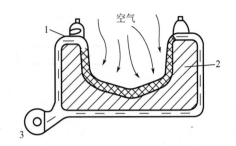
图 5-16 真空袋法成型工艺示意图
1—真空袋；2—模具；3—真空泵

5.4 聚合物基复合材料的应用

【聚合物基复合材料的应用】

作为复合材料家族中的主要成员，聚合物基复合材料经过半个多世纪的发展，已形成了较完善的工业体系，其产品在航空航天、交通运输、电子电器、建筑、船舶、医疗等各个工业部门都得到了广泛的应用。20世纪90年代（1991—1998年），全球聚合物基复合材料平均年增长率为5.6%，几乎是工业化国家年GDP的两倍。进入21世纪后，聚合物基复合材料的用量更是快速增长，2002—2006年全球年平均增长率约为5%，其中亚太地区的增长率达7%；2010年全球复合材料产量增长近5%，产量达到800×10^4 t，受我国和印度前所未有的高速经济增长的驱动，亚太地区的产量占全球产量的38%。

目前，以玻璃纤维为增强材料的复合材料是市场应用的主体，2002年全球玻璃纤维增强材料的用量达220×10^4 t。近年来，以碳纤维为代表的高性能纤维增强聚合物基复合材料在工业领域的应用越来越广泛，并呈现出快速发展的势头。

1. 聚合物基复合材料在航空航天领域的应用

聚合物基复合材料，尤其是先进聚合物基复合材料由于具有比强度、比模量高，耐腐蚀性好，隔音，减振，设计、制备灵活，易于成型、加工等特点，是制造飞机、火箭、航天飞行器等军事武器的理想材料，对促进武器装备的轻量化、小型化和高性能化起到了至关重要的作用。将其用于飞机结构上相应减重25%~30%，这是其他先进技术无法达到的效果。

（1）在军用飞机方面

战斗机使用的复合材料占所用材料总量的30%左右，新一代战斗机将达到40%；直升机和小型飞机复合材料用量将达到70%~80%，甚至出现全复合材料飞机。以典型的第四代战斗机F/A-22为例，复合材料占24.2%，其中热固性复合材料占23.8%，热塑性复合材料占0.4%左右，主要应用部位为机翼、中机身蒙皮和隔框、尾翼等。图5-17所示为F-18战斗机中所用的聚合物基复合材料。

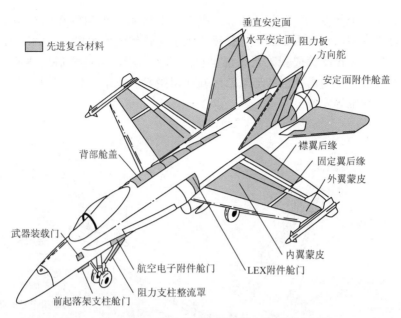

图 5-17 F-18 战斗机中所用的聚合物基复合材料

（2）在民用飞机方面

先进聚合物基复合材料在民用机上的应用日益增加，如波音 757 复合材料用量为 1429kg，波音 767 复合材料用量为 1524kg。波音 767 大型客机上使用了先进复合材料作为主承力结构，这架可载 80 人的客运飞机使用碳纤维、有机纤维、玻璃纤维增强树脂以及各种混杂纤维的复合材料制造了机翼前缘、压力容器、引擎罩等构件，不仅使飞机结构质量减轻，还提高了飞机的各种飞行性能，图 5-18 为波音 767 中所用的聚合物基复合材料。此外，美国全部用碳纤维复合材料制成一架八座商用飞机——里尔芳 2100 号，并试飞成功，这架飞机仅重 567kg，它以结构小巧、质量轻而称奇于世。

（3）在航天器方面

目前卫星的微波通信系统、能源系统（太阳电池基板、框架）各种支撑结构件等已基本上做到复合材料化。国际通信卫星 VA 中心力推用碳纤维复合材料取代铝合金制造微型结构件，使卫星质量减少 23kg（约占 30%），有效载荷舱中增加 450 条电话线路，仅此一项盈利就接近卫星的发射费用。美、欧卫星结构中由于广泛使用了复合材料，使其质量不到总质量的 10%。我国在"风云二号气象卫星"及"神舟"系列飞船上均采用了碳/环氧复合材料做主承力构件，大大减轻了整体卫星的质量，降低了发射成本。

2. 聚合物基复合材料在交通运输领域的应用

聚合物基复合材料在交通运输领域的用量很大，目前在汽车、高速列车、轻轨车辆等交通运输工具与设施方面的用量占总产量的 30% 以上。复合材料在汽车中的应用，可大大减轻车身质量，减少能耗，提高生产率，降低成本。用碳纤维复合材料取代钢材制造车身和底盘构件，质量可减轻 68%，从而节约油耗 40%。1998 年，美国有 1000 多万辆车上使用了热固性聚合物基复合材料，所用的零件类型超过 510 种。近年来，中国汽车市场年增长超过 30%，成为全世界增长最快的国家，到 2012 年汽车复合材料的消费约增至 $11.2 \times$

10^4 t 左右,行业总值超过 40 亿元人民币。图 5-19 所示为玻璃钢在汽车制造中的应用。现在的复合材料成型已不再限于手糊、模压、缠绕等较传统的手段,新的工艺方法如滚动模压成型、拉挤、热压罐等成型工艺相继出现。基体树脂由传统的通用邻苯、间苯树脂、环氧树脂、酚醛树脂,向高性能的环氧乙烯基酯树脂发展,增强材料从玻璃纤维向高性能的碳纤维、芳纶纤维等发展。

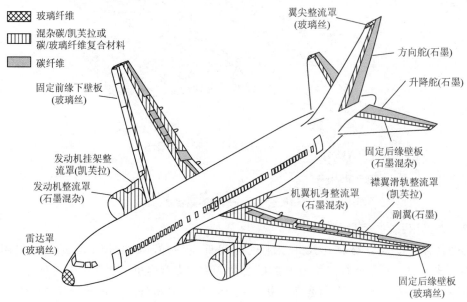

图 5-18 波音 767 中所用的聚合物基复合材料

图 5-19 玻璃钢在汽车制造中的应用

聚合物基复合材料在高速列车、地铁、轻轨等轨道交通中的应用发展也十分迅猛。在日本,所有新干线车辆的窗框、侧窗内台、侧窗内饰、空调通道兼车顶板等都大量使用

SMC压制成型材料；在欧洲，已开发和应用碳纤维复合材料的车辆车身和车头，轨道线运行设施和车厢内饰也大量应用聚合物基复合材料，如电缆槽、走道格栅、防噪屏障板、车窗墙板、地板等。在我国，已有十几个城市建造了地铁或轻轨，聚合物基复合材料也得到了大量应用。例如，北京地铁5号线在地面及高架段采用玻璃纤维增强不饱和聚酯树脂膜塑料高温模压而成的复合材料绝缘子支撑，同时全线采用玻璃纤维增强不饱和聚酯树脂复合材料制成了防护罩及防护罩支架。我国蓝箭机车的车头盖是采用RTM工艺成型的前鼻端，手糊工艺整体成型的导流罩；"中华之星"动力车的车头盖和导流罩也是复合材料制成；大白鲨高速电动车组采用流线形头形，车头盖用复合材料制作。图5-20所示为聚合物基复合材料制成的车体及内饰。

图5-20　聚合物基复合材料制成的车体及内饰

3. 聚合物基复合材料在建筑领域的应用

建筑业是复合材料应用比较广泛的一个行业，无论是在国内还是国际建筑业市场，复合材料都具有巨大发展潜力。聚合物基复合材料在建筑领域的应用包括建筑物的建造与修复、受腐蚀管道、混凝土方柱、钢柱的修复等。2010 JEC法国复合材料展中，意大利D'Appolonia S. p. A.公司及其合作伙伴以智能复合材料"测（地）震墙纸"获得建筑类产品创新奖。这种墙纸是使用纳米粒子增强聚合物涂料生产的，通过使用纳米聚合物添加剂可使此复合砂浆达到增强效果。图5-21所示为聚合物基复合材料房屋，图5-22所示为聚合物基复合材料吊顶。

图5-21　聚合物基复合材料房屋

图 5-22 聚合物基复合材料吊顶

纤维增强聚合物基复合材料质量轻、强度高、抗化学侵蚀性能强，而且成本不是很高，在修复腐蚀受损管道方面具有明显的优势。另外，许多生产商使用玻璃钢生产各种不同形状、不同尺寸的标牌。玻璃钢标牌经久耐用，可抵抗来自不同方面的破坏力，其功能和效用受损程度较小，且安全性高，不会危及生命。玻璃钢门和玻璃钢窗框也同样经久耐用，受到人们的普遍欢迎。

4. 聚合物基复合材料在电能领域的应用

由于风能无污染、可再生、储量大、分布广，因此利用风能发电得到了世界各国的普遍推崇。在风力发电中，风机叶片是发电机组最重要的构件，必须满足高强度、耐腐蚀、质量轻、寿命长的要求，利用玻璃纤维和碳纤维增强的聚合物基复合材料生产风机叶片成为世界各国普遍采用的技术。目前，碳纤维复合材料叶片长度可达 55m，采用的工艺有手糊成型、真空浸渍成型、纤维缠绕成型及真空辅助树脂模塑成型等。

玻璃钢电杆作为电力基础设施的应用已有十多年的历史，它主要应用于山区、丘陵地带、腐蚀性大的工业区和沿海地区的输电线路、电话和照明线路上。与木材相比，玻璃钢电杆质量减轻 2/3，无须化学防腐剂处理，抗雷电击穿能力较高。过去使用的电杆长度多在 20m 以内，近年来美国采用新工艺制造的玻璃钢电杆长度可达 24.4m。图 5-23 所示为聚合物基复合材料制成的风机叶片。

图 5-23 聚合物基复合材料制成的风机叶片

5. 聚合物基复合材料在包装领域的应用

产品的包装是产品的重要组成部分,它不仅在运输过程中起保护的作用,而且直接关系到产品的综合品质,聚合物基复合材料在包装领域有着广泛的应用,产品涉及积层复合、共挤复合、混合复合类型的复合材料。

在包装工业中应用较早的聚合物基复合材料当数 1952 年制成的丙烯腈-丁二烯-苯乙烯(ABS)高抗冲击树脂,它良好的抗冲击强度、耐化学腐蚀性、热成型性和物理性能使它成为托盘和手提箱应用的理想材料。之后,用玻璃纤维增强的酚醛树脂,由于具有高的比强度、容易加工、材料来源丰富、不易腐蚀等优点,被广泛用于包装容器,军事上还用于包装导弹、大口径炮弹;用玻璃纤维增强的聚乙烯、交联聚乙烯被大量制成各种包装容器、薄膜、瓶盖;用玻璃纤维或石膏纤维增强的聚丙烯用于包装容器和捆扎材料;增韧聚苯乙烯被大量制成托盘、杯子、箱匣、匣内衬,在食品包装、化妆品内衬、医药方面的外科器材的无菌包装中都有广泛的应用。图 5-24 所示为玻璃钢军用包装箱,图 5-25 所示为玻璃钢军用格栅板。

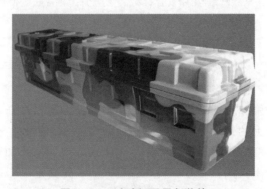

图 5-24 玻璃钢军用包装箱

图 5-25 玻璃钢军用格栅板

以碳酸钙、硫酸钙和亚硫酸钙等无机钙盐为填料,合成树脂为基体的复合材料,由于具有刚度好、硬度高、压缩强度好、耐热性好、尺寸稳定性好、常温蠕变小、容易加工等许多优点而广泛用于制成钙塑瓦楞纸箱;含气体分散相的聚合物基复合材料(即泡沫塑料),由于含有泡孔,泡孔中又充满空气,可表现出相对密度小、不易传热、吸音、有弹性、吸水性小、机械强度好、加工性好的特点，因此广泛用于精密仪器、贵重器械、高档工艺品的缓冲包装中。

随着中国经济高速发展以及人民生活质量的提高，包装材料将展现出极大的应用市场。就食品包装材料而言，微波食品、休闲食品及冷冻食品等方便食品需求量的不断增加将直接带动相关食品包装的需求。

6. 聚合物基复合材料在基础设施领域的应用

基础设施主要包括桥梁、隧道、高速公路、铁路、大坝、电站、港口等，是国民经济增长和国家功能所必需的最基本设施。与传统方法相比，在基础设施的修建、维护等方面复合材料的使用具有明显的优势，几种修补方法的比较见表 5-5。

表 5-5 几种修补方法的比较

项 目	碳纤维复合材料加强法	混凝土加强法	钢板加强法
施工内容	在破损混凝土外包裹粘贴碳纤维/树脂复合材料，使成一体化	在破损混凝土外配放钢筋再抹上混凝土，使成一体化	在破损混凝土外粘贴包覆钢板，使成一体化
施工时间/天	15～20	20～30	20～30
直接工程费用/(元/m²)	2421～4842	3027～7264	4843

以碳纤维、芳纶纤维和玻璃纤维增强的聚合物基复合材料在新建、改造、加固和修复基础设施方面发挥了巨大的作用并表现出广阔的应用前景。例如，在美国（据 SPI 协会估计）有 75923 座桥梁、8794 座危险高坝、10131 座水处理厂需要加固、修补与改造；在我国，作为世界上的混凝土大国，在基础设施建设方面，尤其是近年来的列车提速和高速列车项目的建设，使许多铁路桥梁需要加固和维修。因此，世界各地在基础设施领域对聚合物基复合材料存在极大的需求潜能。

7. 聚合物基复合材料在其他领域的应用

聚合物基复合材料在体育、娱乐、医疗等方面也得到较好的应用和发展。

体育用品中如各种水上赛艇、帆板、冲浪板、雪橇、高尔夫球杆、各种球拍等均可由聚合物基复合材料制成，而且很多体育用品改用树脂基复合材料制造后大大改善了其使用性能，有利于运动员创造更佳成绩。

在娱乐设施中，大多公园及各类游乐场所的设施均已采用不同类型的树脂基复合材料取代传统材料。树脂基复合材料钓鱼竿是娱乐器材中的大宗产品，目前的玻璃钢钓鱼竿和碳纤维复合材料钓鱼竿比模量大，具有足够的强度和刚度，且质量轻、可收缩、造型美观、携带方便。用树脂基复合材料制造的扬声器、小提琴和电吉他等，其音响效果良好，有发展前景。图 5-26 所示为碳纤维复合材料人行天桥。图 5-27 所示为玻璃钢广场雕塑。

在生物复合材料中，用于人体器官修复的构件有树脂基复合材料呼吸器、碳纤维/环氧结构假肢、人造假牙和人造脑壳等，国外也有以聚丙烯腈为原料的碳纤维材料来修补韧带的事例。用碳纤维复合材料制成的心脏瓣膜成功植入人体已有几十年的历史，以尼龙为增强材料的人造器官也已投入使用。实验研究表明，这些材料做成的人体器官无排异反应，与人体有很好的相容性，因此有着广阔的应用前景。图5-28所示为聚合物基复合材料水上摩托，图5-29所示为碳纤维复合材料喇叭。

图5-26　碳纤维复合材料人行天桥

图5-27　玻璃钢广场雕塑

图5-28　聚合物基复合材料水上摩托

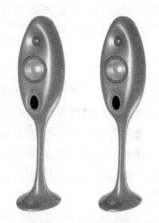

图5-29　碳纤维复合材料喇叭

5.5　聚合物基复合材料的研究现状

5.5.1　聚合物基复合材料技术的新进展

经过几十年的研究与应用，聚合物基复合材料在原材料及成型加工技术方面取得了很多令人瞩目的研究成果。

1. 增强材料的新进展

在玻璃纤维基础上研发了新型玻纤产品及织物，如空气变形无捻粗纱、多轴编织全厚度缝合预成型增强体等；大力发展大丝束碳纤维、采用纺织用丙烯腈原丝进行碳纤维的研制；开发新型增强材料，如超高性能PBO（聚苯并二噁唑）高分子纤维、玄武岩连续纤维等。

2. 新型固化技术

【电子束固化材料】

电子束固化技术是辐射固化技术的一种，它是利用高能电子或产生电子的 X 光射线引发聚合物固化的工艺技术。相对于热固化，电子束固化技术具有许多优点：① 可以实现室温/低温固化，材料固化收缩率低，利于减小固化残余应力，提高尺寸制件精度；② 可以采用低成本的辅助材料；③ 固化速度快，制造周期短；④ 适于制备大型复合材料构件；⑤ 显著节约能源，降低污染。

适用于透明增强材料与透明树脂复合材料的紫外线固化技术，可以节省能源，减少成型时间，同时与手糊、喷射、纤维缠绕等玻璃纤维复合材料成型工艺结合起来，既能提高制品的性能，又能有效降低成本。

低温固化复合材料技术是低成本复合材料研究的重要内容。复合材料的低温固化技术通常指固化温度低于 100℃，可以在自由状态下进行高温后处理的复合材料技术。复合材料低温固化技术可以大大降低主要由昂贵的成型模具、高能耗设备和高性能工艺辅料等带来的高费用。此外，低温固化复合材料构件的尺寸精度高、固化残余应力低，适于制备复杂形状的大型复合材料构件。

3. 自动铺放技术

自动铺放技术包括预浸料自动铺带技术和纤维自动铺放技术，前者适合铺放形状相对比较简单的复合材料构件，后者可以铺放形状复杂的复合材料整体结构。纤维铺放技术是在纤维铺放机上把纤维平行集束成纤维带后制成多个预浸丝束，并通过纤维铺放机铺放头上的压头，把预浸丝束铺压到芯模或模具表面上。自动铺带技术具有铺放效率高、纤维取向偏差小、铺层间隙控制精度高以及材料利用率高等优点，已广泛应用于复合材料机翼壁板、尾翼壁板等大型复合材料构件的制造。

4. 开、闭模工艺技术

针对喷射成型技术中喷枪产生雾化现象，苯乙烯挥发造成的污染，各喷射设备厂家不断研发新技术，如空气助流包容技术、流体撞击技术、非雾化喷射技术等。

近年来人们针对树脂传递模塑成型（RTM）存在的问题和局限性开展了大量研究工作，研究进展主要有采用多维织物预成型技术、采用树脂压注和固化过程监控及计算机模拟、采用真空袋和单面柔性技术、采用各型混合器扩大树脂的适用范围等。

5.5.2 聚合物基复合材料的发展趋势

聚合物基复合材料在当代工业化进程中发挥了重要作用，同时在能源的开发利用、基础设施的修复和更新、海洋石油工业领域的建设及交通运输、医药卫生等方面存在巨大的市场潜能。但由于其成本偏高、可靠性较差、再生困难等问题，限制了其应用。围绕这些问题，聚合物基复合材料将向着低成本、高性能、多功能、环保化方向发展。

1. 低成本制造技术

过去的三十多年中，复合材料的研究与开发重点放在材料性能和工艺改进上，目前的重点是先进复合材料的低成本技术，各种低成本技术的开发和应用将是复合材料发展的主流。低成本技术包括原材料、复合工艺和质量控制等各个方面。

(1) 降低原材料制造成本

降低增强材料的价格是降低聚合物基复合材料价格的关键环节之一。目前，玻璃纤维厂不断向大池窑、大丝束方面发展；碳纤维生产厂家则大力发展沥青基碳纤维及大丝束碳纤维，并采用纺织用丙烯腈原丝制造碳纤维。

(2) 采用机械化、自动化成型工艺

发展以自动铺带（ATL）和纤维自动铺放（AFP）为核心的自动化制造技术及以共固化/共胶接为核心的大面积整体成型技术；完善以树脂传递模塑成型技术为核心的低成本制造技术；开发热压罐外成型技术。

(3) 设计与制造技术的集成化

发展以 DMF（Design for Manufacture）为核心的设计制造一体化技术，采用全新的设计理念和手段，发展数字化、自动化的设计技术，采用虚拟原型技术进行设计、分析和制造，将设计和制造进一步融为一体，从而加快产品研发进度，提高质量、降低成本。据报道，采用 CAD 和 FEA 集成软件和先进控制系统缠绕机设计制造的纤维缠绕制品，可以减少 20%～30%的原材料，缩减 70%的生产周期。

2. 多功能、智能化及新型复合材料

高性能、多功能、智能化是材料由低级向高级发展的必然结果，也是工业领域技术进步对材料提出的更高要求。

(1) 多功能复合材料

高技术的发展要求材料不再是单一的结构材料或功能材料，一种新趋势是结构材料和功能材料的互相渗透，即结构材料的功能化和功能材料的结构化。目前，复合材料在双功能的基础上已进入到三功能阶段，并逐渐向多功能方向迈进。如用作战略核武器端头前锥体的材料是防热/抗核辐射双功能复合材料；而战略核武器的小型化、轻质化、强突防和全天候则要求其能够集防热、抗核、承载、吸波、透波、隐身、减振、降噪等多功能于一身。

(2) 智能化复合材料

智能化复合材料是一类能够根据环境变化做出适时、灵敏和恰当的响应，使自身功能处于最佳状态的材料。它具备传感（神经）、控制（大脑）和驱动（肌肉）的功能，能够自诊断、自适应、自修复。由复合材料、结构和电子互相融合而构成的智能化复合材料与结构，是当今材料与结构高新技术发展的方向。

(3) 纳米复合材料

在聚合物基体中加入少量的纳米粒子，不仅可以明显地改善聚合物的强度、刚性和韧性，还可以提高塑料的密度、阻隔性、耐热性、杀菌防霉性、导热、导电、吸波和防紫外线辐射等功能特性。因此，聚合物基纳米复合材料受到了材料界和产业界的普遍关注。

(4) 仿生复合材料

自然界的生物历经亿万年选择进化，造就了许多优异的结构形式和综合性能，给人类研究材料以启迪，因而出现了仿生材料。自然界中生

【仿生复合材料】

物的结构是通过分子的自组装形成的集合体,人们通过生物矿化研究发现有机分子可以改变无机晶体的生长形貌和结构。利用大自然的启示,通过分子自组装行为构建复合材料的仿生结构,将为复合材料的仿生设计和仿生制备提供广阔的前景,并将为新型材料的设计和制造开辟新的途径。

3. 减少污染,同环境相协调

聚合物基复合材料中绝大多数是以热固性聚合物为基体,其中不饱和聚酯树脂占70%以上,在制品的加工过程中会产生有害气体挥发现象和废弃物回收、再生困难等问题。这些材料被废弃后会造成很大的污染和浪费,尤其是其中的纤维组分,要么与填料,要么与基体形成混杂结合,分离回收困难,即使部分能够得到处理,但其处理成本过高。近年来,随着人们对环境保护的日益重视和国际形势引起的能源、资源危机,开发绿色复合材料技术,改进环保型闭模成型工艺和材料体系,探索废旧复合材料的回收、再生和循环使用技术已成为国际上研究的热点问题。

新材料的研发与应用一直是当代高新技术的重要内容之一,同时又是其他高新技术的基础和先导,是国家战略性新兴产业。其中,复合材料,特别是先进复合材料在新材料技术领域占有重要的地位。从最初的服务于军事、国防,到逐步向民用领域转移,先进复合材料及其技术已成为世界研究和应用的普遍潮流,并将在将来的各个应用领域发挥越来越重要的作用。

复习思考题

1. 聚合物基复合材料的组分有哪些?
2. 请列举聚合物基复合材料的性能特点,并针对某一性能探讨其实际应用状况。
3. 什么是先进复合材料?先进复合材料在哪些方面表现出明显的性能优势?
4. 聚合物基复合材料的研究热点有哪些?

拓展阅读

先进复合材料在无人机上的应用

由于高空长航时无人机对材料和结构有质量轻、使用寿命高等要求,采用先进复合材料进行飞机结构设计是必然选择。目前,应用在无人机上的先进复合材料主要是碳纤维和芳纶纤维树脂基复合材料以及碳纤维、芳纶纤维混杂树脂基复合材料,主要应用部位是机翼主梁、蒙皮、机身、翼肋等。几种典型无人机及其复合材料的应用举例如下。

1. 美国高空长航时无人机"全球鹰"

美国诺斯罗普·格鲁门公司为美空军研制的RQ-4"全球鹰"(Global Hawk)高空长航时无人侦察机,高度翼身融合布局,除机身主结构为铝合金外,机翼、尾翼、后机身、雷达罩、发动机整流罩、V型尾翼等都采用复合材料,复合材料的用量约为结构总重的65%。复合材料机翼长35.4m,机翼为由美国氰特公司提供的高模量碳纤维/环氧预浸料制造的四梁（4个I形梁）式承扭盒。机身大量使用碳纤维/环氧复合材料。机翼蒙皮采用复合材料层压板结构，由单向带制造，0°铺层占50%，其余铺层50%。前后缘均采用蜂窝夹芯结构，芯材为Hexcel公司提供的Nomex蜂窝。"全球鹰"起飞质量为11640kg，燃油质量超过总质量的一半，高达6727kg，可见复合材料的明显减重效果使得其具有携带更多荷重的能力。

2. 美国X-47B无人战斗机

除一些接头采用铝合金外，X-47B无人战斗机整个机身几乎全部采用了复合材料，堪称全复合材料飞机，采用高度翼身融合设计，机体结构仅分成4个部分（沿机体中心线上、下各两大部分），是先进复合材料大面积整体成型的典型。全机80%的结构由GKN宇航公司设计制造，机身骨架结构采用钛合金和铝合金制造，机身蒙皮、机背口盖和活动舱门等采用复合材料结构，90%机体表面由碳纤维复合材料制造。外翼由铝合金部件和碳纤维/环氧复合材料蒙皮组成，比铝合金结构减重20%～30%。

3. 美国"捕食者"无人机

"捕食者"无人机是美国通用原子公司制造的中空飞行续航时间长的多用途无人机，主要用于侦察、监视、目标指定、电子战和实弹攻击。除主梁外，"捕食者"MQ-1无人机结构几乎全部采用复合材料，包括碳纤维、玻璃纤维、芳纶纤维复合材料以及蜂窝、泡沫、轻木等夹层结构，用量约为结构总重的92%。机身大量采用碳纤维织物/Nomex蜂窝夹芯结构加筋壁板。内部关键位置有碳纤维梁肋结构以保证足够的刚度。改进的"捕食者"B即MQ-9是"捕食者"的加大型，又名"狩猎者"，主要机体和"捕食者"A大致相同；此外，机翼盒型梁顶端上采用了SPECIAL TYMATE RIALS公司生产的Hy-Bor硼纤维/碳纤维/环氧预浸［Hy-Bor(B4-MR-40/NCT301)］。

4. 我国"翔龙"高空高速无人侦察机

我国无人机发展已有50多年的历史，从20世纪50年代后期，北京航空航天大学、南京航空航天大学和西北工业大学对无人机技术开展了探索性研究。"翔龙"高空高速无人侦察机是中国自主研究和设计的一种大型无人机，机身长14.33m，翼展24.86m，高5.413m，起飞质量6800kg，任务载荷600kg，巡航高度为18000～20000m。"翔龙"无人机上，特别是飞机的雷达天线罩大量采用了复合材料和复合吸波材料，机身尾部背鳍上装有复合材料发动机舱，进气口形状为半椭圆形。

第 6 章
陶瓷基复合材料及其应用

教学要求

教 学 目 标	知 识 要 点
了解陶瓷基复合材料	陶瓷基复合材料的基体、增强体
了解陶瓷基复合材料的性能	单向排布长纤维复合材料、多向排布纤维增韧复合材料、晶须和颗粒增强陶瓷基复合材料
了解陶瓷基复合材料的成型加工技术	纤维增强陶瓷基复合材料的加工与制备、晶须与颗粒增韧陶瓷基复合材料的加工与制备
了解陶瓷基复合材料的研究现状	高温陶瓷基复合材料、层状陶瓷基复合材料、纤维增韧陶瓷基复合材料

引例

  GE 航空进行唯一一台安装有陶瓷基复合材料低压涡轮叶片的 GE F414 发动机的地面试验。使用该种材料叶片可以减轻军用和民用发动机的质量，并有可能进一步提高发动机的燃油效率。之前已有陶瓷基复合材料技术应用于包括热端零部件在内的发动机零部件上，GE 航空已经将其应用到衬套、内机匣和静子叶片上。GE 航空先进发动机系统部总裁戴尔·卡尔森表示，陶瓷基复合材料应用在低压涡轮叶片的重要意义在于这是公司首次应用陶瓷基复合材料制造旋转部件。应用陶瓷基复合材料使得叶片质量为钛合金的 1/2，镍合金的 1/3，这两种金属材料的优势是其高强度和耐热性，而陶瓷基复合材料也有隔热性能，能够减少内部冷却气流的流量。图 6-1 为装配有 GE F414 发动机的战斗机。

资料来源：美国《航宇日报》

图 6-1 装配有 GE F414 发动机的战斗机

6.1 陶瓷基复合材料概述

陶瓷材料的韧化问题已成为近年来陶瓷工作者们研究的一个重点问题,现在这方面的研究已取得了初步进展,探索出了若干种韧化陶瓷的途径,其中往陶瓷材料中加入起增韧作用的第二相而制成陶瓷基复合材料,即是一种重要方法之一。

6.1.1 陶瓷基复合材料的基体

陶瓷基复合材料的基体为陶瓷,这是一种包含范围很广的材料,属于无机化合物而不是单质,所以它的结构远比金属合金复杂得多。现代陶瓷材料的研究,最早是从对硅酸盐材料的研究开始的,随后又逐步扩大到其他的无机非金属材料。目前被人们研究最多的是碳化硅、氮化硅、氧化铝等,它们普遍具有耐高温、耐腐蚀、强度高、质量轻和价格低等优点。

对于一种具体的陶瓷材料,可以用电负性来判断其化学键的离子结合程度。对于由 A、B 两种元素组成的陶瓷中的离子键比例的计算,可由以下的经验公式进行。

$$P_{AB}=1-\exp[-(x_A-x_B)^2/4] \qquad (6-1)$$

从式(6-1)中容易看出,x_A 与 x_B 的差值越大,离子键性越强。反之,则共价键所占的比例越大。当 $x_A=x_B$ 时,则成为完全的共价键。如 CaO 和 MgO 等氧化物的离子性很强,而 WC 和 SiC 等共价性强。一般来说,氧化物的离子性要比碳化物和氮化物强。

陶瓷材料的晶体结构与金属材料相比是比较复杂的,其中最典型的有以下几种,闪锌矿结构,包括 ZnS、CuCl、金刚石等。阴离子构成 fcc 结构,而阳离子位于其中的 4 个四面体间隙位置,如 ZnS 中的原子坐标为

硫原子坐标:$(0, 0, 0)$、$\left(0, \frac{1}{2}, \frac{1}{2}\right)$、$\left(\frac{1}{2}, 0, \frac{1}{2}\right)$、$\left(\frac{1}{2}, \frac{1}{2}, 0\right)$

锌原子坐标:$\left(\frac{1}{4}, \frac{1}{4}, \frac{1}{4}\right)$、$\left(\frac{1}{4}, \frac{3}{4}, \frac{3}{4}\right)$、$\left(\frac{3}{4}, \frac{1}{4}, \frac{3}{4}\right)$、$\left(\frac{3}{4}, \frac{3}{4}, \frac{1}{4}\right)$

纤锌矿结构，也是以 ZnS 为主要成分的矿石，但为六方晶系，如图 6-2 所示。阳离子构成 hcp 结构，阴离子占据两种四面体间隙的一种，使阳离子也处于阴离子构成的四面体中心位置。

需要指出的是，以上所述的各种结构只是化合物中较有代表性的简单结构，而作为陶瓷材料的主要研究对象硅酸盐的晶体结构则较为复杂。硅酸盐晶体结构的普遍特点是存在硅氧四面体结构单元 $[SiO_4]^{4-}$，其中重要的有锆英石、镁橄榄石等，其结构分别如图 6-3 及图 6-4 所示。根据 $[SiO_4]^{4-}$ 之间的连接方式，可把硅酸盐晶体分成 5 种结构类型，这 5 种结构类型分别对应不同的结构形状，具体如表 6-1 所示。

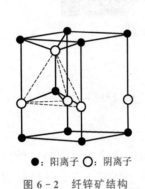

图 6-2 纤锌矿结构

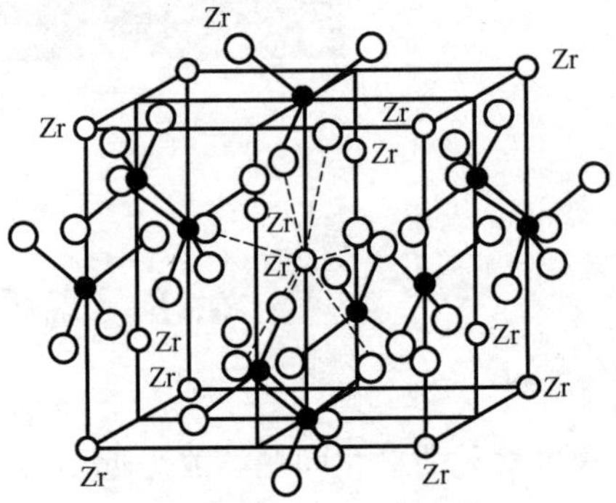

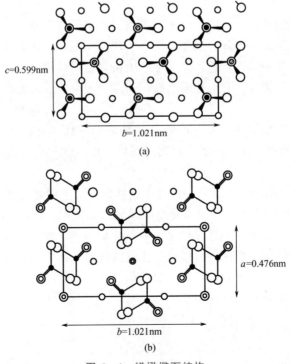

图 6-3 锆英石结构

图 6-4 镁橄榄石结构

表 6-1 硅酸盐晶体结构类型

结构类型	$[SiO_4]^{4-}$ 共用 O^{2-}	形 状	络阴离子	Si：O	实 例
岛状	0	四面体	$[SiO_4]^{4-}$	1：4	镁橄榄石
组群状	2	三节环	$[Si_3O_9]^{6-}$	1：3	蓝锥矿
		四节环	$[Si_4O_{12}]^{8-}$		斧石
		六节环	$[Si_6O_{18}]^{12-}$		绿宝石
	1	双四面体	$[Si_2O_7]^{6-}$	2：7	硅钙石
链状	2	单链	$[Si_2O_6]^{4-}$	1：3	透辉石
	2，3	双链	$[Si_4O_{11}]^{6-}$	4：11	透闪石
层状	3	平面层	$[Si_4O_{10}]^{4-}$	4：10	滑石
架状	4	骨架	$[SiO_2]^0$	1：2	石英
			$[AlSi_3O_8]^{1-}$		钾长石
			$[AlSiO_4]^{1-}$		方钠石

6.1.2 陶瓷基复合材料的增强体

陶瓷基复合材料中的增强体，通常也称为增韧体。从几何尺寸上增强体可分为纤维（长、短纤维）、晶须和颗粒三类。

碳纤维是用来制造陶瓷基复合材料最常用的纤维之一，碳纤维可用多种方法进行生产。工业上主要采用有机母体的热氧化和石墨化，碳纤维的生产过程主要包括三个阶段：第一阶段，在空气中于 200℃～400℃ 进行低温氧化；第二阶段，位于惰性气体中在 1000℃ 左右进行碳化处理；第三阶段，在惰性气体中于 2000℃ 以上进行石墨化处理。

目前，碳纤维常规生产的品种主要有两种，即高模量型和低模量型。其中，高模量型的拉伸模量约为 400GPa，拉伸强度约为 1.7GPa；低模量型的拉伸模量约为 240GPa，拉伸强度约为 2.5GPa。

碳纤维主要用在把强度、刚度、质量和抗化学性作为设计参数的构件中，在 1500℃ 的温度下，碳纤维仍能保持其性能不变。但是，必须对碳纤维进行有效的保护以防止它在空气中或氧化性气氛中被腐蚀，只有这样，才能充分发挥它的优良性能。

陶瓷基复合材料的增强体中，另一种常用纤维是玻璃纤维。制造玻璃纤维的基本流程如图 6.5 所示，将玻璃小球熔化，然后通过 1mm 左右直径的小孔把它们拉出来。缠绕纤维的心轴的转动速度决定纤维的直径，通常为 10μm 的数量级。为了便于操作和避免纤维受潮并形成纱束，在刚凝固成纤维时表面就涂覆薄薄一层保护膜，这层保护膜还有利于与基体的黏结。

玻璃的组成可在一个很宽的范围内调整，因而可生产出具有较高杨氏模量的品种，这些特殊品种的纤维通常需要在较高的温度下熔化后拉丝，因而成本较高，但可满足制造一些有特殊要求的复合材料。

还有一种常用的纤维是硼纤维,它属于多相的,又是无定型的,因为它是用化学气相沉积法将无定型硼沉积在钨丝或者碳纤维上形成的。实际结构的硼纤维中由于缺少大晶体结构,使其纤维强度下降到只有晶体硼纤维的一半左右。

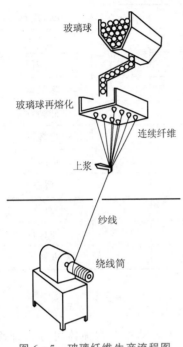

图6-5 玻璃纤维生产流程图

由化学分解所获得的硼纤维的平均性能:杨氏模量为420GPa,拉伸强度为2.8GPa。硼纤维对任何可能的表面损伤都非常敏感,甚至比玻璃纤维更敏感,热或化学处理对硼纤维都有影响,高于510℃时强度会急剧下降。为了阻止随温度而变化的降解作用,已试验采用了不同类型的涂层,商业上使用的硼纤维通常是在表面涂了一层碳化硅。它可使纤维长期暴露在高温后仍有保持室温强度的优点。

陶瓷材料中另一种增强体为晶须,晶须为具有一定长径比(直径为0.3~1μm,长为30~100μm)的小单晶体。1952年,Herring和Galt验证了锡的晶须的强度比块状锡高得多,这促使人们对纤维状的单晶进行详细的研究。从结构上看,晶须的特点是没有微裂纹、位错、孔洞和表面损伤等一类缺陷,而这些缺陷正是大块晶体中大量存在且促使强度下降的主要原因。在某些情况下,晶须的拉伸强度可达$0.1E$(E为杨氏模量),这已非常接近于理想拉伸强度$0.2E$。相比之下,多晶的金属纤维和块状金属的拉伸强度只有$0.02E$和$0.001E$。由于晶须具有最佳的热性能、低密度和高杨氏模量,自Herring和Calf发现了百余种不同材料构成的晶须以来,人们对晶须已给予了特别的关注。值得注意的是,高强度晶须集中在周期表中前几个元素上。这主要是由于仅周期表中前几个元素才能构成纯的共价键,而一般说来强的共价键结合的固体可以有较高的强度,同时又由于这种键具有方向性与饱和性,因而原子往往不是以很稠密的方式堆积,为此这种固体的密度就比较低,这恰好满足了像宇航工业这样的尖端科学的应用。在陶瓷基复合材料中使用得较为普遍的是SiC晶须、Al_2O_3晶须及Si_3N_4晶须。

陶瓷基复合材料中的另一种增强体为颗粒。从几何尺寸上看,颗粒在各个方向上长度大致相同,一般为几微米。常用的颗粒有SiC颗粒、Si_3N_4颗粒等。颗粒的增韧效果虽不如纤维和晶须,但是,如果颗粒种类、粒径、含量及基体材料选择适当,仍会有一定的韧化效果,同时还会带来高温强度、高温蠕变性能的改善。所以,颗粒增韧复合材料同样受到重视并对其进行了一定的研究。

6.2 陶瓷基复合材料的性能

在陶瓷材料中加入第二相纤维制成复合材料是改善陶瓷材料韧性的重要手段,按纤维排布方式的不同,又可将其分为单向排布长纤维复合材料和多向排布纤维增韧复合材料。

6.2.1 单向排布长纤维复合材料

单向排布纤维增韧陶瓷基复合材料的显著特点是具有各向异性，即沿纤维长度方向上的纵向性能要大大高于其横向性能。由于在实际的构件中主要是使用其纵向性能，因此只对此进行讨论。

在这种材料中，当裂纹扩展遇到纤维时会受阻，要使裂纹进一步扩展就必须提高外加应力，图6-6为这一过程的示意图。当外加应力进一步提高时，由于基体与纤维间的界面的离解，同时又由于纤维的强度高于基体的强度，从而使纤维可以从基体中拔出。当拔出的长度达到某一临界值时，会使纤维发生断裂。因此裂纹的扩展必须克服由于纤维的加入而产生的拔出功和纤维断裂功，这使得材料的断裂更困难，从而起到了增韧的作用。实际材料断裂过程中，纤维的断裂并非发生在同一裂纹平面。这样主裂纹还将沿纤维断裂位置的不同而发生裂纹转向。这也同样会使裂纹的扩展阻力增加，从而使韧性进一步提高。

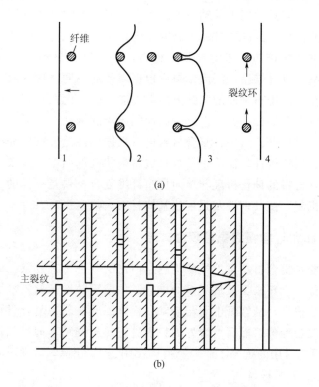

图6-6 裂纹垂直于纤维方向扩展示意图

对于碳纤维增韧玻璃复合材料的断裂功随纤维含量的变化，经研究得知，随着纤维含量的增加，断裂功及强度都显著提高。

表6-2给出了碳纤维增韧Si_3N_4复合材料的性能，从表中可见，复合材料的韧性已达到了相当高的程度。

表 6-2　碳纤维增韧 Si_3N_4 复合材料的性能

性　能 \ 材　料	$SMZ-Si_3N_4$	$C/SMZ-Si_3N_4$
密度/(g/cm³)	3.44	2.7
体积含量/(%)	30	30
抗弯曲强度/MPa	473±30	454±30
弹性模量/GPa	247±16	188±18
断裂功/(J/m²)	19.3±0.2	4770±770
断裂韧性 K_{IC}/(MPa·m$^{1/2}$)	3.7±0.7	15.6±1.2
热膨胀系数（20℃～1000℃）/($10^{-6}K^{-1}$)	4.62	2.51

6.2.2　多向排布纤维增韧复合材料

单向排布纤维增韧陶瓷只是在纤维排列方向上的纵向性能较为优越，而其横向性能则显著低于纵向性能，所以只适用于单轴应力的场合。而许多陶瓷构件则要求在二维及三维方向上均具有优良的性能，这就要进一步研究多向排布纤维增韧陶瓷基复合材料。

首先来研究二维多向排布纤维增韧复合材料，这种复合材料中纤维的排布方式有两种。一种是将纤维编织成纤维布，浸渍浆料后根据需要的厚度将单层或若干层进行热压烧结成型。这种材料在纤维排布平面的二维方向上性能优越，而在垂直于纤维排布面方向上的性能较差，一般应用在对二维方向上有较高性能要求的构件上。另一种是纤维分层单个排布，层间纤维成一定角度。后一种复合材料可以根据构件的形状用纤维浸浆缠绕的方法做成所需要形状的壳层状构件。而前一种材料成型板状构件曲率不宜太大，这种二维多向纤维增韧陶瓷基复合材料的韧化机理与单向排布纤维复合材料是一样的，主要也是靠纤维的拔出与裂纹转向机制，使其韧性及强度比基体材料大幅度提高。

6.2.3　晶须和颗粒增强陶瓷基复合材料

长纤维增韧陶瓷基复合材料虽然性能优越，但它的制备工艺复杂，而且纤维在基体中不易分布均匀。因此，近年来又发展了短纤维、晶须及颗粒增韧陶瓷基复合材料。

由于晶须的尺寸很小，从客观上看与粉末一样，因此在制备复合材料时只需要将晶须分散后与基体粉末混合均匀，然后对混好的粉末进行热压烧结，即可制得致密的晶须增韧陶瓷基复合材料。目前常用的是 SiC 晶须、Si_3V_4 晶须、Al_2O_3 晶须，常用的基体则为 Al_2O_3、ZrO_2、SiO_2、Si_3V_4 及莫来石等。

晶须增韧陶瓷基复合材料的性能与基体和晶须的选择、晶须的含量及分布等因素有关。ZrO_2 陶瓷基复合材料的性能与 SiC_w 含量之间的关系是：两种材料的弹性模量、硬度及断裂韧性均随着 SiC_w 含量的增加而提高，而弯曲强度的变化规律则是：对 Al_2O_3 基复合材料，随 SiC_w 含量的增加单调上升，而对 ZrO_2 基体，在体积百分含量为 10% SiC_w 时出现峰值，随后又有所下降，但却始终高于基体。这可解释为由于 SiC_w 含量高时造成热失配过大，同时使致密化困难而引起密度下降，从而使界面强度降低导致了复合材料强度的下降。对 Al_2O_3 基复合材料最佳的韧性和强度的配合可使断裂韧性达到 $K_{IC}=7MPa·m^{1/2}$，弯曲强度 $\sigma_r=600MPa$；ZrO_2 基复合材料 $K_{IC}=16MPa·m^{1/2}$，$\sigma_r=1400MPa$。由此可见，SiC_w 对陶瓷材料具有同时增强和增韧的效果。

由以上讨论可知，由于晶须具有长径比，因此当其含量较高时，因其桥架效应而使致密化变得困难，从而引起了密度的下降并导致性能的下降。为了克服这一弱点，可采用颗粒来代替晶须制成复合材料，这种复合材料在原料的混合均匀化及烧结致密化方面均比晶须增强陶瓷基复合材料要容易。当所用的颗粒为 SiC 和 TiC 时，基体材料采用最多的是 Al_2O_3、Si_3N_4。目前，这些复合材料已广泛用来制造刀具。

对于 SiC_p/Al_2O_3 复合材料的性能随 SiC_p 含量的变化关系，体积百分含量为 5% SiC_p 时强度出现峰值。由 SiC_p/Si_3N_4 复合材料的性能与 SiC_p 含量的关系发现，也是在 SiC_p 含量为 5%时强度及韧性达到了最高值。

由以上讨论可知，晶须与颗粒对陶瓷材料的增韧均有一定作用，且各有利弊。晶须的增强增韧效果好，但含量高时会使致密度下降，颗粒可克服晶须的这一弱点，但其增强增韧效果却不如晶须。由此可得，若将二者共同使用定可取长补短，达到更好的效果。目前，已有了这方面的研究工作，如使用 SiC_w 与 SiC_p 来共同增韧，用 SiC_w 与 ZrO_2（Y_2O_3）来共同增韧等。随着 SiC_w 及 ZrO_2（Y_2O_3）含量的增加，其强度与韧性均呈上升趋势，在 20% SiC_w 及 30% ZrO_2（Y_2O_3）时，复合材料 $\sigma_r=1200MPa$，K_{IC} 达 $7.5MPa·m^{1/2}$ 以上，这比单纯晶须韧化的（$Al_2O_3+SiC_w$）复合材料的 σ_r 和 K_{IC} 有明显的提高，这充分体现了这种复合强化的效果。表 6-3 给出了莫来石及用其制得的复合材料的性能。很明显，由（ZrO_2+SiC_w）与莫来石制得的复合材料要比单由 SiC_w+莫来石制得的复合材料的性能好得多。

表 6-3 莫来石及其制得的复合材料的强度与韧性

材　料	σ_r/MPa	K_{IC}/(MPa·m$^{1/2}$)
莫来石	244	2.8
莫来石+SiC_w	452	4.4
莫来石+ZrO_2+SiC_w	551~580	5.4~6.7
Si_3N_4+SiC_w	1000	11~12

6.3　陶瓷基复合材料的成型加工技术

6.3.1　纤维增强陶瓷基复合材料的加工与制备

纤维增强陶瓷基复合材料的性能取决于多种因素。从基体方面看，与气孔的尺寸及数量、裂纹的大小以及一些其他缺陷有关；从纤维方面来说，与纤维中的杂质、纤维的氧化程度、损伤及其他固有缺陷有关；从基体与纤维的结合情况上看，则与界面及结合效果、纤维在基体中的取向以及基体与纤维的热膨胀系数差有关。正因为有如此多的影响因素，所以在实际中针对不同的材料的制作方法也不尽相同。成型技术的不断研究与改进正是为了能获得性能更为优良的材料。

1. 目前采用的纤维增强陶瓷基复合材料的成型方法

（1）泥浆浇注法

泥浆浇注法是在陶瓷泥浆中把纤维分散，然后浇注在石膏模型中。这种方法比较古老，不受制品形状的限制，但对提高产品性能的效果不显著，成本低、工艺简单，适合于短纤维增强陶瓷基复合材料的制作。

（2）热压烧结法

【热压烧结法】

将长纤维切短（<3mm），然后分散并与基体粉末混合，再用热压烧结的方法即可制得高性能的复合材料。这种短纤维增强体在与基体粉末混合时取向是无序的，但在冷压成型及热压烧结的过程中，短纤维由于在基体压实与致密化过程中沿压力方向转动，所以导致在最终制得的复合材料中，短纤维沿加压面择优取向，从而使材料在性能上呈现一定程度的各向异性。这种方法制得的复合材料中纤维与基体之间的结合较好，是目前采用较多的方法。

（3）浸渍法

浸渍法首先要把纤维编织成所需形状，然后用陶瓷泥浆浸渍，干燥后进行焙烧，适用于长纤维。优点是纤维取向可自由调节，如前面所述的单向排布及多向排布等。缺点是不能制造大尺寸的制品，而且所得制品的致密度较低。

2. 几种具体的材料及制作过程

（1）碳纤维增强氧化镁

碳纤维增强氧化镁以氧化镁为基体，碳纤维为增强体，其中碳纤维的体积含量为10%左右，在1200℃进行热压成型获得的复合材料。该复合材料的抗破坏能力比纯氧化镁高出10倍以上。但由于碳纤维与氧化镁的热膨胀系数相差一个数量级，所以这种复合材料具有较多的裂纹，没有太大的实用价值。

（2）石墨纤维增强 $Li_2O \cdot Al_2O_3 \cdot nSiO_2$

石墨纤维增强 $Li_2O \cdot Al_2O_3 \cdot nSiO_2$ 用石墨纤维作增强体，基体采用氧化钾、氧化铝和石英组成的复盐。制法是把复盐先制成泥浆，然后使其附着在石墨纤维毡上，把这种毡片无规则地积层，并在1375℃～1425℃热压15min，压力为7MPa，所得的复合材料与没有增强的基体材料相比，耐力学冲击和耐热冲击性能好，其破坏强度随着纤维体积含量的增加而直线上升。

（3）碳纤维增强无定型二氧化硅

碳纤维增强无定型二氧化硅的基体为无定型二氧化硅，增强体为碳纤维，碳纤维的含量为50%左右。这种复合材料沿纤维方向的弯曲模量可达150GPa，且弯曲模量在800℃时仍能保持在100GPa水平，在室温和800℃时的弯曲强度达到300MPa。在冷水和1200℃之间进行热冲击实验，基体没有产生裂纹。实验后测定的强度与实验前完全相同，冲击功为 $1.1J/cm^2$。

碳化硅连续纤维增强氮化硅在 $25\mu m$ 的不锈钢丝上，用热分解法沉积碳化硅，可得

80~100μm的连续碳化硅纤维。用它与硅做成复合材料在氮气中烧结，可得碳化硅增强氮化硅复合材料。烧结温度控制在1300℃~1450℃。纤维的体积含量控制在10%~50%。根据实际需要可采用不同的复合成型技术，分别获得低密度和高密度的两种制品。这种复合材料在纤维与基体结合良好的情况下，可获得与铸铁相当的冲击强度。

（4）氧化锆纤维增强氧化锆

经过稳定化处理的氧化锆纤维或织物用浇注和热压的方法与氧化锆复合，在1200℃温度下进行烧结可得稳定的复合材料。氧化锆纤维增强氧化锆的弯曲强度可达140~210MPa，在1100℃~1900℃的温度区间内反复进行热循环时没有出现问题，其破坏强度随着温度的升高而直线下降，弯曲强度见表6-4。氧化锆纤维增强氧化锆特别适合于耐高温隔热材料和耐高温防腐材料。

表6-4 氧化锆纤维布复合材料的性能

试样种类	编号	密度 /(g/cm³)	平均弯曲强度 /(kg/cm²)	范围 /(kg/cm²)	试验温度 /℃
ZrO₂+布	9	5.5	806	665~793	25
ZrO₂+布	8	5.5	690	613~799	500
ZrO₂+布	8	5.5	564	438~754	1000
ZrO₂+布	6	5.5	392	316~512	1500
ZrO₂	6	5.5~5.7	641	217~1046	25
ZrO₂	7	5.5~5.7	432	160~987	500
ZrO₂	6	5.5~5.7	394	201~978	1000
ZrO₂	5	5.5~5.7	364	184~712	1500
ZrO₂+布	14	5.3~5.8	925	582~1332	25
ZrO₂+布	12	5.3~5.8	573	439~799	500
ZrO₂+布	12	5.3~5.8	581	375~887	1000
ZrO₂+布	10	5.3~5.8	303	151~521	15000

（5）三向碳/碳复合材料

三向碳/碳复合材料是指先将碳纤维编织成骨架，再用浸渍法制成的复合材料。由于编织物是三向碳/碳复合材料的主要承载骨架，为了提高某轴向的力学性能，可将该轴向的股数增加，同时在编织过程中要尽可能致密，以缩小纤维束之间的距离。

对于三向碳/碳复合材料的制作，高温预处理是三向织物进行复合前必不可少的工序。预处理温度需在2000℃以上。通过预处理，一方面可以去除纤维表面的防护剂，另一方面还可以起到稳定三向织物的结构和尺寸的作用。通过高温预处理，可以适当改善原始碳纤维的材质，为最终复合成性能优良的碳/碳复合材料创造条件。

6.3.2 晶须与颗粒增韧陶瓷基复合材料的加工与制备

晶须与颗粒的尺寸均很小，只是几何形状上有些区别。用晶须与颗粒进行增韧的陶瓷基复合材料的制造工艺是基本相同的。这种复合材料的制备工艺比长纤维复合材料简便得多，所用设备也不需像长纤维复合材料那样的纤维缠绕或编织用的复杂专用设备。只需将晶须或颗粒分散后并与基体粉末混合均匀，再用热压烧结法即可制得高性能的复合材料。与陶瓷材料相似，这种复合材料的制造工艺也可以分为配料、成型、烧结、精加工等步骤，这一过程看似简单，实则包含着相当复杂的内容。即使坯体由超细粉（微米级）原料组成，其产品质量也不易控制，所以随着现代科技对材料要求的不断提高，这方面的研究还必将进一步深入。下面将对这一工艺过程进行简单的介绍。

1. 配料

高性能的陶瓷基复合材料应具有均质、孔隙少的微观组织。为了得到这种品质的材料，必须首先严格挑选原料。把几种原料粉末混合配成坯料的方法可分为干法和湿法两种。现今新型陶瓷领域混合处理加工的微米级、超微米级粉末方法由于效率和可靠性的原因大多采用湿法。湿法主要采用水作溶剂，但在氮化硅、碳化硅等非氧化物系的原料混合时，为防止原料的氧化则使用有机溶剂。混合装置一般采用专用球磨机，为了防止球磨机运行过程中因球和内衬砖磨损下来而作为杂质混入原料中，最好采用与加工原料材质相同的陶瓷球和内衬。

2. 成型

混好后的料浆在成型时分三种不同的情况。

（1）经一次干燥制成粉末坯料后供给成型工序，把干燥粉料充入型模内，加压后即可成型。通常有金属模成型法和橡皮模成型法。金属模成型法具有装置简单、成型成本低廉的优点，但它的加压方向是单向的，粉末与金属模壁的摩擦力大，粉末间传递压力不太均匀，故易造成烧成后的生坯变形或开裂，只能适用于形状比较简单的制件。橡皮模成型法是用静水压从各个方向均匀加压于橡皮模来成型，故不会发生像金属模成型那样的生坯密度不均匀和具有方向性之类的问题。橡皮模成型法虽不能做到完全均匀地加压，但仍适合于批量生产。由于在成型过程中毛坯与橡皮模接触而压成生坯，故难以制成精密形状，通常还要用刚玉对细节部分进行修整。

（2）把结合剂添加于料浆中，不干燥坯料，保持浆状供给成型工序，即注射成型法。仅从成型过程上讲，陶瓷基复合材料注射成型与塑料的注射成型过程相类似，但是在陶瓷中必须从生坯里将黏合剂除去再烧结。这些工艺均较为复杂，因此也使这种方法具有很大的局限性。注浆成型法则是具有十分悠久历史的陶瓷成型方法，它是将料浆浇入石膏模内，静置片刻，料浆中的水分被石膏模吸收，然后除去多余的料浆，将生坯和石膏模一起干燥，生坯干燥后保持一定的强度并从石膏中取出，这种方法可成型壁较薄且形状较为复杂的制品。

（3）用压滤机将料浆状的粉脱水后成坯料供给成型工序，即挤压成型法。这种方法是把料浆放入压滤机内挤出水分，形成块状后，从安装各种挤形口的真空挤出成型机挤出成型的方法。它适用于断面形状简单的长条形坯件的成型。

3. 烧结

从生坯中除去黏合剂组分后的陶瓷素坯，烧固成致密制品的过程叫烧结。烧结必须有专门的窑炉。窑炉的种类繁多，按功能进行划分可分为间歇式和连续式。间歇式窑炉是指放入窑炉内生坯的硬化、烧结、冷却及制品的取出等工序是间歇地进行的。它不适合于大规模生产，但具有适合处理特殊大型制品或长尺寸制品的优点，且烧结条件灵活，窑炉价格也比较便宜。连续窑炉适合于大批量制品的烧结，由预热、烧结和冷却三个部分组成，把装生坯的窑车从窑的一端以一定时间间歇推进，窑车沿导轨前进，沿着窑内设定的温度分别经预热、烧结、冷却过程后，从窑的另一端取出。

4. 精加工

由于高精度制品的要求不断增多，因此经烧结后的许多制品还需进行精加工。精加工是为了提高烧成品的尺寸精度和表面平滑性，前者主要用金刚石砂轮进行磨削加工，后者则用磨料进行研磨加工。

金刚石砂轮按照在金刚石磨粒之间的结合剂的种类不同有着其各自的特征，大致分为电沉积砂轮、金属结合剂砂轮和树脂结合剂砂轮等。电沉积砂轮的切削性能好，但加工性能欠佳。金属结合剂砂轮对加工面稍差的制品也较易加工。树脂结合剂砂轮则由于其强度低、耐热性差，适合于表面的精加工。因此在实际磨削操作时，除选用砂轮外，还需确定砂轮的速度、切削量、进给量等各种磨削条件，才能获得好的结果。

以上只是简单地介绍了陶瓷基复合材料制备工艺的几个主要步骤，实际情况则是相当复杂的。陶瓷与金属的一个重要区别在于陶瓷对制造工艺中的微小变化特别敏感，而这些微小的变化在最终烧结成产品前是很难察觉的，一旦烧结结束，发现产品的质量有问题则为时已晚。而且，由于工艺路线很长，要查找原因十分困难，这就使得实际经验的积累变得尤为重要。

陶瓷的制备质量与其制备工艺有很大的关系。在实验室规模下能够稳定重复制造的材料，在扩大生产规模下常常难于重现。在生产规模下可能重复再现的材料，常常在原材料波动和工艺装备有所变化的条件下难于再现，这是陶瓷制备中的关键问题之一。

先进陶瓷制品的一致性则是它能否大规模推广应用的最关键问题之一。现今的先进陶瓷制备技术可以做到成批地生产出性能优异的产品，但却不易保证所有制品的品质一致。所以，先进陶瓷的制备科学就应致力于解决它的重现性和一致性。这就要求我们不能仅将其视为"工艺"或"技术"上的问题来对待，而必须去进一步研究这其中隐藏着的科学问题。现在对先进陶瓷的研究，已经从经验积累式过渡到采用科学的研究方法，对其内在结构与外在性能以及如何通过制备技术来控制这些结构与性能进行研究的阶段。可以预见，随着陶瓷制备科学的日益发展，先进陶瓷的应用将不断扩大。

6.4　陶瓷基复合材料在工业上的应用

陶瓷材料具有耐高温、高强度、高硬度及耐腐蚀性好等优点，但其脆性大的弱点限制了它的广泛应用。随着现代高科技的迅猛发展，要求材料能在更高的温度下保持优良的综合性能，陶瓷基复合材料可

【陶瓷基复合材料】

较好地满足这一要求。陶瓷基复合材料的最高使用温度主要取决于基体特性，其工作温度按下列基体材料依次提高：玻璃、玻璃陶瓷、氧化物陶瓷、非氧化物陶瓷和碳素材料，其最高工作温度可达1900℃。

陶瓷基复合材料已实用化或即将实用化的领域包括刀具、滑动构件、航空航天构件、发动机制件、能源构件等。法国已将长纤维增强碳化硅复合材料应用于制作超高速列车的制动件，而且取得了传统的制动件所无法比拟的优异的摩擦磨损特性，取得了满意的应用效果。在航空航天领域，用陶瓷基复合材料制作的导弹的头锥、火箭的喷管、航天飞机的结构件等也收到了良好的效果。

热机的循环压力和循环气体的温度越高，其热效率也就越高。现在普遍使用的燃气轮机高温部件还是镍基合金或钴基合金，它可使汽轮机的进口温度高达1400℃，但这些合金的耐高温极限受到其熔点的限制，因此采用陶瓷材料来代替高温合金已成了目前研究的一个重点内容。为此，美国能源部和宇航局开展了 AGT（先进的燃气轮机）100、101、CATE（陶瓷在涡轮发动机中的应用）等计划。德国、瑞典等国也进行了研究开发。这个取代现用耐热合金的应用技术是难度最高的陶瓷应用技术，也可以说是这方面的最终目标。目前看来，要实现这一目标还有相当大的难度。

与陶瓷单体相比，陶瓷基复合材料的原材料和加工的成本都比较高，所以其在民用领域的应用还有一定的困难。另外，在航空航天、军事等领域对突破传统工业材料界限的新材料的需求日益增长，促进了陶瓷基复合材料的研究和开发。

玻璃陶瓷作为基体的复合材料与钛和不锈钢等金属材料相比，具有质量轻、耐腐蚀、热稳定性好、线膨胀系数小等优点，可以在汽车、战车的发动机、屏蔽材料、热交换器等部件中得到应用，而且还可以制成异型零件。为了改善其耐热性，强化 SiC（玻璃纤维）开发了 Radom 材料。用泥浆浇注和常压烧结法制作的不连续 Al_2O_3 纤维强化的玻璃材料，制成汽车发动机的配管，用玻璃注入法制作的纤维强化的玻璃在汽车发动机和柴油发动机中得到了应用。

颗粒强化 Al_2O_3 基复合材料自1968年起已经作为切削工具使用并有商品出售。

Al_2O_3-ZrO_2 是1977年开发的，它是利用 ZrO_2 的相变使 Al_2O_3 强韧化，由适量的 ZrO_2 在 Al_2O_3 基体中弥散分布而制成的。该类材料作为强韧材料的摩擦性能也很优越，在机械方面得到了应用，而且也作为切削工具材料使用。Al_2O_3-ZrO_2 陶瓷工具的耐磨性很好，在切削碳钢的实践中得到了证实。同时它对于 FeO 稳定，且由于工具表面存在的压应力使耐冲击性得到了提高。

用高熔点金属纤维强化的 Al_2O_3-SiO_2 具有较久的历史，可以作为窑炉的耐火材料使用。

在切削工具方面，SiC_w 增韧的细颗粒 Al_2O_3 陶瓷基复合材料已成功用于工业生产制造切削刀具。

由美国格林利夫公司研制、一家生产切削工具和陶瓷材料的厂家和美国大西洋富田化工公司合作生产的 WC-300 复合材料刀具具有耐高温、稳定性好、强度高和优异的抗热展性能，熔点为2040℃，切削速度可达60m/min，甚至更高。

作为对比，常用的 WC-Co 硬质合金刀具的切削速度限制在30m/min 以内，因为钴在1350℃时会发生熔化，甚至在切削表面温度达到约1000℃左右就开始软化。某燃气轮机厂采用这种新型 WC-300 复合材料刀具后，机加工时间从原来的5h缩短到20min，仅此一项，每年就可节约 25 万美元。山东工业大学研制生产的 SiC_w/Al_2O_3 复合材料刀具切削镍基合金时，不但刀具使用寿命增加，而且进刀量和切削速度也大大提高。除 SiC_w/Al_2O_3 外，SiC_f/Al_2O_3、$TiO_2 p/Al_2O_3$ 复合材料也用于制造机加工刀具。

6.5 陶瓷基复合材料的研究现状

6.5.1 高温陶瓷基复合材料

【高温陶瓷基复合材料的应用】

由于陶瓷材料具有高的耐磨性、耐高温和抗化学侵蚀能力，国外目前已将其应用于发动机高速轴承、活塞、密封环、阀门导轨等要求转速高和配合精度高的部件。此外，有许多陶瓷基复合材料的发动机高温构件正在研制之中。如美国格鲁曼公司正研究跨大气层高超音速飞机发动机的陶瓷材料进口、喷管和喷口等部件，美国碳化硅公司用 Si_3N_4/SiC_w 制造导弹发动机燃气喷管，杜邦公司研制出能承受 1200℃～1300℃、使用寿命达 2000h 的陶瓷基复合材料发动机部件等。目前，导弹、无人驾驶飞机以及其他短寿命的陶瓷涡轮发动机正处在最后研制阶段，美国空军材料实验室的研究人员认为，1204℃～1371℃ 发动机用陶瓷基复合材料已经研制成功。由于提高了燃烧温度，取消或减少了冷却系统，预计发动机热效率可从目前的 26% 提高到 46%。英国一公司认为，未来航空发动机高压压气机叶片和机匣、高压与低压涡轮盘及叶片、燃烧室、加力燃烧室、火焰稳定器及排气喷管等都将采用陶瓷基复合材料。图 6-7 所示为 SiC/SiC 自愈合燃烧室内外衬。

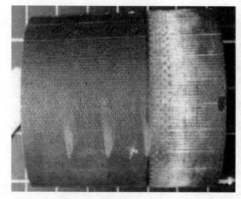 

图 6-7 SiC/SiC 自愈合燃烧室内外衬

目前用于增强陶瓷基复合材料的连续纤维主要有碳化硅纤维、碳纤维、硼纤维及氧化物纤维等。碳纤维的使用温度最高，可超过 1650℃，但只能在非氧化气氛条件下工作。对于碳纤维增强陶瓷基复合材料高温下的氧化保护问题，国际上目前尚没有完全解决。除碳纤维外，其他纤维在超过 1400℃ 的高温下均存在强度下降问题。由于陶瓷材料一般都需在 1500℃ 以上烧成，通常的制备方法都会使陶瓷纤维由于热损伤而造成力学性能的退化。化学气相渗透工艺虽然可解决制备过程中的这一问题，但

【陶瓷基复合材料的研究现状】

成本十分昂贵，且材料在高温下使用时仍会面临纤维性能退化的问题。因此要使连续纤维增强陶瓷基复合材料的性能有所突破，关键是要研制出高温强度高且抗氧化的陶瓷纤维。

从目前来看，解决纤维问题的途径主要有两条。一是提高碳化硅纤维的纯度，降低纤维中的氧含量，如近年来采用电子束辐照固化方法发展出了一种低含氧量（质量分数为 0.15%）的 Hi_2NicalonSiC 纤维，其高温性能比普通 NicalonSiC 纤维有了明显的提高。二是发展高性能的氧化物单晶纤维。氧化物连续纤维出现较晚，且一般为多晶纤维，高温下纤维会发生再结晶，使其性能下降，而单晶纤维则可避免这一问题。例如，目前蓝宝石单晶纤维使用温度可达 1500℃，使材料的高温性能有了很大提高。随着能承受更高温度的氧化物单晶纤维的出现，高温结构陶瓷基复合材料的研究必将有所突破。

从发展趋势上看，非氧化物/非氧化物陶瓷基复合材料中，SiC_f/SiC、SiC_f/Si_3N_4 仍是研究的重点，有望在 1600℃ 以下使用。氧化物/非氧化物陶瓷基复合材料由于氧化物基体的氧渗透率过高，在高温长时间的应用条件下几乎没有任何潜在的可能。能满足 1600℃ 以上高强和高抗蠕变要求的复合材料，可能性最大的是氧化物/氧化物陶瓷基复合材料。

连续纤维增强陶瓷基复合材料虽然在力学性能上具有一定优势，但是连续纤维的生产、排布和编织等工艺复杂，其成型较困难，复合材料强度较低、成本高昂。同时，高性能的耐高温陶瓷纤维问题至今尚未完全解决，这都极大地限制了它的推广应用。

6.5.2 层状陶瓷基复合材料

近年来，人们模拟自然界贝壳的结构，设计出一种仿生结构材料——层状陶瓷基复合材料。其独特的结构使陶瓷材料克服了单体时的脆性，在保持高强度、抗氧化的同时，大幅度提高了材料的韧性和可靠性，因而可应用于安全系数要求较高的领域，为陶瓷材料的实用化带来了新的希望。

研究表明，贝壳的结构是由 $CaCO_3$ 和有机物组成的类似砖砌体的超细层状结构，其综合力学性能远远高于各组成相本身的性能，断裂韧性提高了近 20 倍。贝壳结构的这一特点使材料科学工作者认识到，陶瓷材料的韧化除了从组分设计上选择不同的材料体系外，更重要的一点就是可以从材料的宏观结构角度来设计新型材料。于是在 20 世纪 90 年代初，材料学工作者们开始对层状陶瓷基复合材料进行研究。

层状陶瓷基复合材料的基体层为高性能的陶瓷片层，界面层可以是非致密陶瓷、石墨或延性金属等。与非层状的基体材料相比，层状陶瓷基复合材料的断裂韧性与断裂功可以产生质的飞跃，如英国化学工业公司的 Clegg 博士等制备的碳化硅/石墨层状复合陶瓷，断裂韧性从基体的 3.16MPa·$m^{1/2}$ 提高到 15MPa·$m^{1/2}$，增长 4 倍多，而断裂功则增长了两个数量级。层状复合不仅可有效改善陶瓷材料的韧性，而且其制备工艺具有操作简单、易于推广、周期短、价廉的优点，尤其适合于制备薄壁类陶瓷部件。同时，这种层状结构还能够与其他增韧机制相结合，形成不同尺度多级增韧机制协同作用，立足于简单成分多重结构复合，从本质上突破了复杂成分简单复合的旧思路。这种新的工艺思路是对陶瓷基复合材料制备工艺的重大突破，将为陶瓷基复合材料的应用开辟广阔前景。层状陶瓷基复合材料之所以具有很高的韧性，主要是由于界面层对裂纹的钝化与偏转所致。材料破坏过程中，当裂纹穿过基体层到达界面层时，由于界面层很弱，裂纹尖端不受约束，由三向应力变为二向应力，裂尖被钝化，穿层扩展受到阻碍，裂纹将沿着界面偏转，成为界面裂纹，能量被大量吸收，只有在更大载荷的作用下，裂纹才会继续穿层扩展。这一过程重复发生，直至材料完全断裂。因此层状陶瓷基复合材料的失效不是突发性的，裂纹的扩展不是像在单体陶瓷中那样直接穿透材料，而是有一个曲折前进的过程，使得材料的断裂韧性和可靠性大大增加。层状陶瓷基复合材料由于结构上的特殊性，其力学性能也表现出一些独特的性质。

研究表明，弱界面层状陶瓷复合材料对疲劳载荷不敏感，在经历 3×10^6 次循环加载后，材料的剩余抗弯强度与试验前相比没有下降。此外，在热冲击试验中，该复合材料在 25℃～1400℃ 热循环 500 次后，杨氏模量基本保持不变，抗弯强度反而略有上升。这些特性对于发动机高温结构件来说是十分重要的。碳化硅基层状陶瓷复合材料的高温抗弯强度仅比室温强度略有降低，而且其高温抗氧化性和抗热振性均优于 C_f/SiC，有着很大的发展潜力。用碳化硅基层状陶瓷复合材料制作小型汽轮机的燃烧室内衬，并进行过三次试车试验：第 1 次试验后，层状材料和块体材料都没有破坏；第 2 次试验后，块体材料破坏了，而层状材料保持完好；第 3 次试验中，由于金属件扭曲，毁坏了内衬瓦片的悬挂装置，试验被迫停止。可见用层状陶瓷复合材料作为薄壁类高温结构件是很有希望的。

6.5.3　纤维增韧陶瓷基复合材料

纤维增韧陶瓷基复合材料，即在陶瓷材料基体中引入纤维增强材料，通过适当弱结合界面层作用实现纤维增强体对陶瓷基体的增韧和补强作用，与传统结构陶瓷相比具有很强的抗冲击韧性和强度，可以从根本上克服传统结构陶瓷的脆性，是陶瓷基复合材料（Ceramic Matrix Composites，CMC）发展的主流方向。其中，碳纤维增韧碳化硅陶瓷基复合材料 C/SiC 是目前研究最多、应用最成功和最广泛的陶瓷基复合材料，是航空航天等国防装备发展不可缺少的新型战略性材料，在航空发动机热端部件，如喷管、燃烧室、涡轮、叶片、高超声速飞行器热防护系统等方面具有重要应用。图 6-8 所示为碳化硅纤维增韧陶瓷基复合材料构件。

(a) 高压涡轮静子叶片

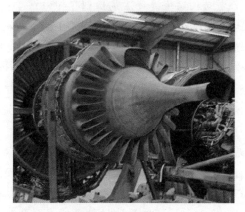

(b) CFM发动机混合器

图 6-8　碳化硅纤维增韧碳化硅陶瓷基复合材料构件

纤维增韧陶瓷基复合材料具有材料结构一体化和多尺度的结构特征，通过各结构单元的优化设计产生协同效应，以达到高性能和各部性能的合理匹配。为了达到设计要求的尺寸、形状和位置精度，纤维增韧陶瓷基复合材料构件制成后一般都要进行二次加工，加工内容主要表现为结构件表面整形、修边、钻孔等。为了实现对纤维增韧陶瓷基复合材料构件的二次加工，国内外学者尝试了多种加工方式，如超声波加工、旋转超声波加工、磨料水射流切割、电火花加工和激光加工等。这些加工方式各有优缺点，但总体来说都存在加工效率低下或加工损伤不易控制的问题。

陶瓷基复合材料磨削加工是一个复杂的非线性过程。为了研究其磨削机理，通常采用工程试验和建模仿真两种方法。工程试验一般需要大量重复性试验，且由于试验条件及成本的限制，仅从试验分析往往缺乏系统的理论研究。采用有限元法可以获得试验难以测量的数据，并具有实时性，在考虑多因素时其优势尤为显著。

复习思考题

1. 陶瓷基复合材料的增韧方法有哪些？
2. 陶瓷基复合材料基体的晶体结构类型有哪些？请举例说明。
3. 陶瓷基复合材料与普通陶瓷材料在哪些方面表现出明显的性能优势？试具体说明。
4. 陶瓷基复合材料的研究热点有哪些？

拓展阅读

陶瓷基复合材料在航空发动机热端部件上的应用

作为飞机的心脏，发动机的性能会直接影响飞机性能的各项指标，而最能体现发动机性能的参数之一就是推重比。现代航空发动机追求的目标就是不断提高推重比，推重比的不断增加，必然导致现代高性能燃气涡轮发动机的涡轮进口温度进一步升高。现有推重比10级的发动机涡轮进口温度达到了1800～2000K，而推重比15～20级发动机涡轮进口温度将达到2100～2400K，这远远超过了发动机中高温合金材料的熔点温度。目前工艺成熟的发动机热端部件材料，只能满足推重比10级发动机的设计要求，要发展更高推力的先进航空发动机，必须开展新型耐高温材料设计技术的研究。同时，还要解决航空发动机结构轻、持久性强、可靠性高等一系列问题，这就需要使用新型材料和工艺技术。目前，耐高温性能较好的陶瓷基复合材料技术已成为航空发动机制造的一个发展趋势。

在陶瓷中加入纤维，能大幅度提高强度、改善脆性，并提高使用温度。连续纤维增韧陶瓷基复合材料具有类似金属的断裂行为，对裂纹不敏感，克服了一般陶瓷材料脆性大、可靠性差等致命弱点。目前应用最为广泛的陶瓷基复合材料主要有碳纤维增韧碳化硅（C_f/SiC）和碳化硅纤维增韧碳化硅（SiC_f/SiC）两种。C_f/SiC的使用温度为1650℃，SiC_f/SiC为1450℃，这两种材料具有高温强度大、质量轻、耐腐蚀和耐磨损性好等优异性能，且其高温能力将改善发动机性能、推重比和耗油率，可用于长寿命航空发动机的制造。

陶瓷基复合材料增强涡轮盘的结构设计利用了陶瓷基复合材料密度小的特点，可以起到对涡轮盘减重作用。SiC的密度为2.0～2.5g/cm³，仅是高温合金和铌合金的1/4～1/3，钨合金的1/10～1/9。

陶瓷基复合材料在发动机热端部件上应用的关键技术有：具有高温稳定性的先进碳化硅纤维、新的纤维涂层、生产高密度复合材料的制造工艺和防止性能退化的环境涂层。

1. 在燃烧室部件上的应用

陶瓷基复合材料在发动机燃烧室火焰筒上的应用研究起步较早。早在20世纪90年代，GE公司和P&W公司的EPM（Enabling Propulsion Materials）项目就已使用SiC_f/SiC陶瓷基复合材料制备燃烧室衬套，该衬套在1200℃环境下工作可以超过10000h。美国综合高性能涡轮发动机技术计划用碳化硅基复合材料制备的火焰筒，已在具有JTAGG（先进涡轮发动机燃气发生器）计划第一阶段温度水平的XTE65/2验证机中被验证：在目标油气比下，燃烧室温度分布系数低，具有更高的性能，可耐温1480℃。

2. 在涡轮部件上的应用

作为发动机重要零件之一，涡轮叶片工作在燃烧室出口，是发动机中承受热冲击最严重的零件，其耐温能力直接决定着高性能发动机推重比的提升。陶瓷基复合材料密度低、耐高温，对减轻涡轮叶片质量和降低涡轮叶片冷气量意义重大。目前，国外多家研究机构已成功运用陶瓷基复合材料制备出耐高温的涡轮叶片。NASA Glenn 研究中心研制的SiC_f/SiC陶瓷基复合材料制备的涡轮叶片可使冷却空气流量减少15%~25%，并通过在燃烧室出口气流速度60m/s、6个大气压（约6×10^5Pa）和1200℃工作环境中的试验考核。经110次热循环后，高温合金叶片叶身前缘和后缘已被严重烧蚀，而陶瓷基复合材料叶片基本完整。由此可以看出陶瓷基复合材料制备的涡轮叶片比高温合金制备的涡轮叶片耐热腐蚀能力强。

3. 在尾喷管部件上的应用

20世纪80年代，法国Snecma公司采用商业牌号为Sepcarbinox的$nD-C_f/SiC$（$n=2,3$）复合材料进行外调节片的研制，先后在M53-2和M88-2发动机上进行试验。经过10余年的努力，于1996年进入批量生产，这是陶瓷基复合材料在此领域首次得到的实际应用。

陶瓷基复合材料耐热温度很高，适应于航空发动机热端部件的高温环境要求，但国内陶瓷基复合材料的制备和成型工艺尚不够成熟，要在航空发动机热端部件中实际应用还有一定的难度。国内要在高推重比发动机热端部件上使用陶瓷基复合材料，必须加大陶瓷基复合材料在发动机热端部件应用的研究力度和进度，以使发动机热端部件能承受更高的工作温度、降低冷气消耗量、提高发动机效率、增强可靠性并延长发动机的寿命。

第 7 章
其他复合材料简介

教学要求

教 学 目 标	知 识 要 点
了解水泥基复合材料	水泥的定义和分类，水泥的制造方法和主要成分
了解碳/碳复合材料	碳纤维的选择，碳/碳复合材料的界面
了解混杂纤维复合材料	混杂纤维复合材料的含义及种类，基本性能
了解纳米复合材料	纳米复合材料概况，纳米粉体的制备

引例

  2010 年 10 月 1 日 18 时 59 分 57 秒，嫦娥二号成功升空，历经多重风险，顺利进入轨道。然而，鲜为人知的是，由于使用了高性能的碳纤维复合材料，嫦娥二号的"体重"瘦下 300g，为奔月奠定了更好的条件。卫星的减重以克计算，如果卫星自重可以减轻一些，那么卫星可能多带一个相机或望远镜，也可以多完成一些使命。碳纤维具有高强度、高模量、耐高温、耐腐蚀、耐疲劳、抗蠕变、导电、传热等特性，属典型的高新技术产品。由碳纤维和树脂结合而成的复合材料，由于其比重小、韧性好和强度高而成为一种先进的航空航天材料。航天飞行器的质量每减少 1kg，就可使运载火箭减轻 500kg。因此，在航空航天工业中普遍采用先进的碳纤维复合材料。据介绍，嫦娥二号定向天线的重要支撑部分——定向天线展开臂，由碳纤维复合材料制成，总质量仅 500 余克，较使用铝合金材质减轻近 300g，但承重能力毫不逊色于铝合金材料构件。图 7-1 为嫦娥探月卫星照片。

资料来源：《中国质量新闻网》

图 7-1 嫦娥探月卫星

7.1 水泥基复合材料

7.1.1 水泥的定义和分类

凡细磨成粉末状,加入适量水后成为塑性浆体,既能在空气中硬化,又能在水中硬化,并能将砂、石等散粒或纤维材料牢固地胶结在一起的水硬性胶凝材料,通称为水泥。

水泥的种类很多,按其用途和性能,可分为通用水泥、专用水泥及特性水泥三大类。通用水泥是指大量用于土木建筑工程的一般水泥,如硅酸盐水泥、普通硅酸盐水泥、矿渣硅酸盐水泥、火山灰质硅酸盐水泥和粉煤灰硅酸盐水泥等。专用水泥则指有专门用途的水泥,如油井水泥、砌筑水泥等。特性水泥是某种性能比较突出的一类水泥,如快硬硅酸盐水泥、低热矿渣硅酸盐水泥、抗硫酸盐硅酸盐水泥、膨胀硫铝酸盐水泥、自应力铝酸盐水泥、铝酸盐水泥、硫铝酸盐水泥、氟铝酸盐水泥、铁铝酸盐水泥以及少熟料或无熟料水泥等几种。目前水泥品种已达 100 余种。

7.1.2 水泥的制造方法和主要成分

本节将以最标准的水泥——普通波特兰水泥的制造方法为例,对水泥的制造方法和主要成分进行说明。将原料石灰石、黏土及其他原料充分干燥、粉碎,以适当的比例混合,这是调和原料。把调和原料从竖形的预热器、煅烧炉的上方装入,在通过该竖炉期间即除掉了黏土中的结合水分,石灰石开始分解,就这样从回转窑送到高温烧成炉中。在炉子低方向出口处装有烧嘴,这里是温度最高的地方,在这里边旋转边移动的烧制物被送到装有冷风扇的冷却机处冷却,在此阶段制得的半熔化状态的黑灰色的块称为熟料。向该熟料中加入百分之几的石膏,再进一步粉碎,混合成的物品就是水泥粉。

【水泥的制造方法和主要成分】

【水泥基复合材料】

熟料中水泥的水凝性物质,也就是依靠水化反应制造形成新的结晶成分,最后添加石膏是为了调节该水化反应速度。这些化合物的水化反应速度差别很大,产生的水化热也不一样。因此，不管是希望在短期内产生强度，还是希望发热量小，都要根据用途及使用方法，在配比上下功夫。

向水泥中加水充分搅拌后放置，开始时有流动性，然后是流动困难，最后凝固，该过程称为凝结。凝结的程度按照规定的条件，用针扎入时定量的表现是能扎到何种程度。从感觉上来看，用手指轻轻按压也不留痕迹时，为凝结的终点。再经过一段时间凝固就更加强固，该过程称为硬化。水泥硬化的条件包括原料配比、搅拌和养生。

水泥基复合材料是指以水泥为基体与其他材料组合而得到的具有新性能的材料，按所掺材料的分子量来划分，可分为聚合物水泥基复合材料（矿物质）和小分子水泥基复合材料，其中聚合物包括纤维、乳液等，而矿物质包括砂、石子、钢铁等。

（1）混凝土

随着胶凝材料生产的发展，人们很早就使用了混凝土。而它是由胶凝材料，水和粗、细集料按适当比例拌合均匀，经浇筑成型后硬化而成。按复合材料定义，混凝土属于水泥基复合材料。如不用粗集料，即为砂浆。通常所说的混凝土，是指以水泥、水、砂和石子所组成的普通混凝土，现为建筑工程中最主要的建筑材料之一，在工业与民用建筑、给排水工程、水利、地下工程和国防建筑等方面都广泛应用。配制混凝土是各种水泥最主要的用途。

混凝土具有很多性能，改变胶凝材料和集料的品种，可配成适用不同用途的混凝土，如轻质混凝土、防水混凝土、耐热混凝土以及防辐射混凝土等。改变各组成材料的比例，则能使强度等性能得到适当调节，以满足工程的不同需要。混凝土拌合物具有良好的塑性，可浇制成各种形状的构件。混凝土与钢筋有良好的黏结力，能和钢筋协同工作，组成钢筋混凝土或预应力钢筋混凝土，从而使其广泛用于各种工程。但普通混凝土还存在着容积密度大、热导率高、抗拉强度偏低以及抗冲击韧性差等缺点，有待进一步研究。

（2）纤维增强水泥基复合材料

水泥混凝土制品在压缩强度、热性能等方面具有优异的性能，但耐拉伸外力差，破坏前的许用应变小。为了克服这些缺点，采用的方法之一是掺入纤维材料。另外，作为基体材料可用硅酸盐水泥、调凝水泥及高铝矿清水泥等。用砂或粉煤灰之类的填料来代替部分水泥是颇有好处的，加入这些填料可大大地提高基体的体积稳定性，而且也有可能提高纤维增强水泥基复合材料的耐气候性。例如，就玻璃而言，这种纤维对水化硅酸盐水泥的侵蚀十分敏感，而砂和粉煤灰却可以吸收释放出的 $Ca(OH)_2$ 来生成水化硅酸钙，从而提高了复合材料的耐久性。

影响纤维增强水泥基复合材料的因素包括基体的性能、增强纤维与水泥基体间的相互作用、纤维与基体在热膨胀系数上的匹配、纤维与基体在弹性模量上的匹配和性能。

（3）聚合物改性混凝土

长期以来，人们一直在寻找对水泥混凝土进行改良的途径。诸如通过改善水泥的性质、改变水泥混凝土的配比、添加纤维材料、掺加外掺剂等措施来改良水泥混凝土的性能，使得混凝土满足工程特殊需要；或者通过对混凝土最基本的力学性能（刚度大、柔性小和抗压强度远大于抗拉强度）的改善，来降低混凝土的刚性，提高其柔性。

聚合物应用于水泥混凝土主要有三种方式，即聚合物浸渍混凝土、聚合物胶结混凝土、聚合物水泥混凝土。

7.2 碳/碳复合材料

碳/碳（C/C）复合材料是碳纤维增强碳基体的复合材料。它由碳纤维（CF）和碳基体两部分组成，不仅具有碳-石墨材料的固有本性，如低密度（理论密度为 2.2g/cm³，实际密度通常为 1.75～2.1g/cm³）；而且还具有一系列有益的力学性能和热学性能：高温下具有高强度、高模量、良好的断裂韧性、耐磨损性能、抗热振性能和热膨胀系数小等特点。因此，碳/碳复合材料是碳-石墨材料家族中性能最好的材料，目前已广泛应用于航天飞机的端头帽和机翼前缘的热防护系统、洲际导弹的端头和鼻锥，火箭发动机的喷管和飞机制动盘等，显示出了极大的优越性。

【碳/碳复合材料】

碳/碳复合材料的制备工艺包括：碳纤维及其结构的选择，基体碳先驱物的选择，碳/碳复合材料坯体的成型工艺，坯体的致密化工艺以及工序间和最终产品的加工等。

7.2.1 碳纤维的选择

碳纤维纱束的选择和纤维织物结构的设计是制造碳/碳复合材料的基础，通过合理选择纤维种类和织物的编织参数，如纱束的排列取向、纱束间距、纱束体积含量等，可以改变碳/碳复合材料的力学和热物理性能，以满足制品性能方面的要求。

常用碳纤维有三种，即人造丝碳纤维、聚丙烯腈（PAN）碳纤维和沥青碳纤维。它们分别由先驱料人造丝、聚丙烯腈和沥青制成。聚丙烯腈碳纤维使用得最多，而低成本的沥青碳纤维正在得到发展，在我国已研制成功，但尚未进入市场。碳纤维又可分为高强碳纤维（HT）和高模碳纤维（HM）。前者强度高，而后者弹性模量高。纤维选择主要基于所设计复合材料的用途和工作环境，用于增强碳/碳复合材料的纤维有多种，对重要的结构选用高强度、高模量纤维；若要求热导率低，则选用低模量碳纤维，如黏胶基碳纤维。

一般情况下，碳纤维性能会随着碳/碳复合材料的制备工艺过程而变化，加工温度会影响纤维的性能，特别是石墨化纤维性能。总之，纤维的选择主要依赖于成本、织物结构、性能及纤维的工艺稳定性。

7.2.2 碳/碳复合材料的界面

界面是复合材料极为重要的微观结构，它作为增强体与基体连接的"桥梁"，对复合材料的物理、机械性能有至关重要的影响。复合材料一般是由增强相、基体相和它们的中间相（界面相）组成，各自都有其独特的结构、性能与作用。增强相主要起承载作用，基体相主要起连接增强相和传载作用，界面是增强相和基体相连接的桥梁，同时也是应力的传递者。

【碳/碳复合材料的界面】

在理想的复合材料中，界面相应该具有的功能包括以下几个方面。
（1）传递载荷：界面相应该有足够的强度来传递载荷，调节复合材料中的应力分布。
（2）缓解层作用：界面相应能缓解界面热应力。

（3）阻挡层作用：界面相应能阻挡元素扩散和阻挡发生有害的化学反应，减少纤维的化学损伤。

（4）高温下抗氧化：界面相能在纤维周围构成阻碍氧气接触纤维的一道屏障，有效地保护纤维。

（5）松黏层作用：界面结合适中，既能够传递载荷，又能适时地脱黏（解离），使扩展到界面的基体裂纹沿解离的界面层发生偏转。

碳/碳复合材料中常用的界面有热解碳、热解石墨、六方晶型氮化硼（BN）、纯氧化物和复杂的氧化物（如稀土硅酸盐、氧化铝和二氧化硅等）。

7.2.3 坯体的成型

坯体的成型是指按产品的形状和性能要求先把碳纤维预先成型为所需结构形状的毛坯，以便进一步进行碳/碳复合材料的致密化处理工艺，工艺流程如图7-2所示。

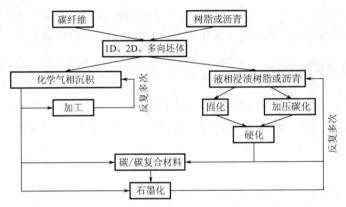

图7-2 坯体成型工艺流程

1. 短纤维增强坯体的成型

短纤维增强的坯体成型方法有压滤法、浇注法、喷涂法、热压法，其中喷涂法和热压法应用最广。喷涂法是把短纤维配制成碳纤维、树脂、稀释剂的混合物，然后用枪将此混合物喷涂到芯模上使其成型。热压法是把短纤维与基体前驱体预先混合后放入一个已预热到一定温度的压模中去，同时加压保温，并按特定的速度冷却到一定程度后脱模即可形成坯体。碳毡和整体碳毡是短碳纤维增强的坯体，利用传统的纺织针刺技术在专用的针刺机上可以把PAN预氧丝"纤网"制成平板毡、截锥体毡套或整体毡，然后进行碳化变成碳毡或整体碳毡。

2. 连续长纤维增强坯体的成型

连续长丝增强的坯体，有两种成型方法。一种方法是采用传统增强塑料的成型方法，如用预浸布、层压、铺层、缠绕等方法做成层压板、回旋体和异型薄壁结构。另一种方法是近年来得到迅速发展的编织技术。所谓"编织"，就是通过"编"或"织"把纤维编织成具有一定几何形状的织物。复合材料的可设计性使得可以通过调整纤维的取向来满足结构承载要求，具有代表性的是美国人Rober Flerntime发明的Magna编织法。利用现有的编织技术可进行一轴、二轴、三轴或多轴的二维或三维编织。

初期用于碳/碳复合材料增强的是二维（2D）碳布。二维织物生产成本较低，并且形成的复合材料在平行于布层的方向上抗拉强度比多晶石墨高，提高了抗热应力性能和断裂韧性，容易制造大尺寸形状复杂的部件。二维碳布的特征由纤维束尺寸、间距、纤维体积分数、纤维密实程度以及编织图案来表示。在几种基本结构的二维织物中，平纹织物的纤维相互交插频率最高，缎纹织物最低，斜纹织物介于二者之间。因而平纹织物的结构规整度好，柔性高。另外，缎纹织物低的相互穿插率和线性度使得这种织物具有高的纤维到织物之间的强度和模量转化系数，低的规整度使得纱束间可以自由移动，因而缎纹织物的致密度和纤维体积分数都比较高。

二维织物增强的碳/碳复合材料的主要缺点是垂直布层方向的抗拉强度较低，层间剪切强度不高，因而易产生分层缺陷。为了解决这个问题及改善二维平面内材料的各向同性，又发展了三维（3D）织物。3D结构是最简单的多维编织结构，其纤维从经、纬、纵3个方向垂直编织而成，可保证纤维发挥其最大结构承载能力。如果用碳布代替正向织物中 x、y 向纤维，z 向采用碳纤维刚性杆将碳布逐层穿刺在一起，即形成穿刺织物。穿刺织物也是一种三向结构。对基本的3D正交结构进行适当修改可得到 4D、5D、7D 和 11D 增强织物结构，可获得更加各向同性的织物结构。5D 结构是在 3D 正交结构的基础上沿 x、y 方向具有新的增强效果。3D 正交结构在 3 个正交方向的基础上，沿 4 个对角线增强方向得到 7D 结构。7D 结构强化了 3D 正交结构增强平面间材料的性能。7D 结构去掉其最基本的 3D 正交增强即得到 4D 结构。3D 正交结构同时增加 4 个对角线向和 4 个对角面向则产生一种基本各向同性的 11D 增强织物结构。编织方向的增多，改善了三向编织物的非轴线向的性能，使材料的各部分性能趋于平稳，提高了剪切强度，降低了材料的热膨胀系数，但材料的轴线方向性能稍有降低，并且材料可能的最大纤维体积分数也降低。

7.2.4　坯体的致密化

碳/碳复合材料坯体致密化是向坯体中引入碳基体的过程，实质是用高质量的碳填满碳纤维周围的空隙，以获得结构、性能优良的碳/碳复合材料。最常用的有液相浸渍工艺和化学气相沉积工艺。

1. 液相浸渍工艺

液相浸渍工艺是制造碳/碳复合材料的一种主要工艺，它是将上述各种增强坯体和树脂或沥青等有机物一起进行浸渍，并用热处理方法在惰性气氛中将有机物转化为碳的过程。浸渍剂有树脂和沥青，浸渍工艺包括低压浸渍、中压浸渍和高压浸渍工艺。

（1）基本原理

树脂、沥青等含碳有机物，特别是一些芳香族热固性树脂（如酚醛、环氧）、煤沥青和石油沥青、沥青树脂混合物等，它们受热后会发生一系列变化。以树脂为例，其典型变化过程是：树脂体膨胀→挥发物（残余溶剂、水分、气体等）逸出→高分子链断裂、自由基形成→芳香化→形成苯环→芳香化结构增长→结晶化，堆积成平行碳层（层面内碳原子排列成六角环形，层间无规律）→堆积继续增长→无规则碳或部分石墨化碳。树脂碳的结构以及由其构成的复合材料的性能在很大程度上取决于含碳有机物的种类及致密化过程的工艺条件。

(2) 树脂系统的选择

为使树脂在热解过程中尽可能多地转变为碳且不出现结构缺陷,要求树脂、沥青等含碳有机物应具备下列特性。

① 残碳率高可减少反复浸渍碳化次数,减少碳化过程的收缩。

② 碳化时应有低的蒸气压,使分解形成的低分子物不挥发掉,而是进一步碳化。

③ 碳化不应过早地转变为坚硬的固态。

④ 固化后树脂、沥青的热变形温度高。

⑤ 固化、碳化时不易封闭坯体的孔隙通道。

(3) 液相浸渍法典型工艺过程

液相浸渍法的典型工艺过程:浸渍→碳化→石墨化。经过这些过程后,碳/碳复合材料制品仍为一疏松结构,内部含有大量孔隙空洞,需反复进行浸渍→碳化等过程使制品孔隙逐渐被充满,达到所需要的致密度。为了使含碳有机物尽可能多地渗入纤维束中去,可采用加压浸渍→加压碳化工艺,所加压力小至几个大气压,大到成百上千个大气压。

液相浸渍法的优点是采用常规的技术容易制得尺寸稳定的制品,缺点是工艺繁杂,制品易产生显微裂纹,分层等缺陷。

2. 化学气相沉积工艺

化学气相沉积工艺是最早采用的一种碳/碳复合材料致密化工艺,其过程为把碳纤维坯体放入专用化学气相沉积炉中,加热至所要求的温度,通入碳氢气体,这些气体分解并在坯体内碳纤维周围空隙中沉积碳。

(1) 基本原理

碳氢气体(如 CH_4、C_2H_6、C_3H_8、C_2H_4)等受热时,形成若干活性基,活性基与碳纤维表面接触时,就沉积出碳。

化学气相沉积法的优点是工艺简单,坯体的开口孔隙很多,增密的程度便于精确控制,易于获得性能良好的碳/碳复合材料。但其缺点是制备周期太长,生产效率很低。

(2) 化学气相沉积碳/碳复合材料的基本方法

化学气相沉积法包括等温法、热梯度法、压差法、脉冲法、等离子体辅助法。

① 等温法。即将坯体放在等温的空间里,在适当的压力下,让碳氢气体不断地从坯体表面流过,靠气体的扩散作用,反应气体进入样品孔隙内进行沉积。该方法的特点是工艺简单,但周期很长,制品易产生表面涂层,最终密度不高。

② 热梯度法。在坯体内外表面形成一定温度差,让碳氢气体在坯体低温表面流过。同样,也是依靠气体扩散作用,反应气体扩散进孔隙内进行沉积。由于反应气体首先接触的是低温表面,因此,大量的沉积发生在样品里侧,表面很少沉积或不沉积。随着沉积过程的进行,坯体里侧被致密化,内外表面温差越来越小,沉积带逐渐外移,最终得到从里至外完全致密的制品。热梯度法周期较短,制品密度较高,存在的问题是重复性差,不能在同一时间内沉积不同坯体和多个坯体,坯体的形状也不能太复杂。

③ 压差法。压差法是等温法的一种变化,是在沿坯体厚度方向上造成一定的气体压力差,反应气体被强行通过多孔坯体。此法沉积速度快,沉积渗透时间较短,沉积的碳均匀,制品不易形成表面涂层。

④ 脉冲法。脉冲法是一种改进了的等温法，是在沉积过程中，利用脉冲阀交替地充气和抽真空，抽真空过程有利于气体反应产物的排除。由于脉冲法能增加渗透深度，故适合于碳/碳复合材料后期致密化。

⑤ 等离子体辅助法。在常规的化学气相沉积技术中需要用外加热使初始反应的碳氢气体分解，而等离子辅助化学气相沉积技术是利用等离子体中电子的动能去激发气相化学反应。等离子辅助化学气相沉积技术的辉光放电等离子体是施加高频电场电离的低压和低温气体。等离子体的电离状态是由其中高能电子以某种方式来维持的。施加电场时，由于电子质量轻，所以传递电子的能量高。同时由于等离子体中电子与离子质量的差别，限制了电子将能量传递给离子，结果电子的动能被迅速增加到能发生非弹性碰撞的程度。此时，高能电子引起电离，并通过与碳氢气体分子的相互作用而形成自由基，自由基在坯体里聚合形成沉积碳。由于等离子体有较高的能量，所以在相当低的温度（典型值低于300℃）激发化学反应，与此同时由于其非平衡性，等离子体不会加热碳氢气体和坯体。但等离子辅助化学气相沉积与常规的化学气相沉积化学反应热力学原理不同，形成的沉积碳结构差别很大。

7.3　混杂纤维复合材料

7.3.1　混杂纤维复合材料的含义及种类

混杂纤维复合材料从广义上讲，包括的类型非常广。就基体而言，可以是树脂基体，也可以是各种树脂聚合物混合基体，金属基体，以及各种陶瓷、玻璃等非金属基体。从增强剂来说，可以是两种连续纤维单向增强，也可以是两种纤维混杂编织，两种短纤维混杂增强，两种粒子混杂增强以及纤维与粒子混杂增强等。当前，增强剂混杂，主要还是指连续纤维的单向混杂增强与混杂编织物增强。

目前我们主要研究的混杂纤维复合材料的含义是指两种或两种以上的连续增强纤维增强同一种树脂基体的复合材料，它是当前复合材料发展的重要方向之一。这种复合材料由于两种纤维的协调匹配，取长补短，不仅有较高的模量、强度和韧性，而且可获得合适的热物理性能，从而扩大结构设计的自由度及材料的适用范围。同时，还可以减轻质量，降低成本，提高经济效益。因此，混杂纤维复合材料得到了迅速发展。

1. 树脂基体

复合纤维树脂基体一般是指合成树脂与各种助剂组成的基体体系，混杂纤维复合材料树脂基体一般说来与复合材料的基体组成要求是一样的。目前已有的一些商品树脂体系均可作为混杂纤维复合材料树脂基体使用。但从混杂纤维复合材料的物性分析，无论在理论上，还是在实际应用中，研究适应混杂纤维复合材料的树脂体系还是有意义的。

树脂基体是复合材料的主要组分之一，笼统地说复合材料的力学性能主要来自于增强纤维，这种说法是不全面的。应当说，纤维通过树脂基体形成一个整体，树脂起传递载荷和均衡载荷的作用。只有纤维与树脂两者匹配协调，才能充分发挥整体作用以及各自的性能。另外，复合材料的工艺性能、力学性能的压缩强度和层间剪切强度以及其他方面的物理或化学性能都主要取决于树脂基体。所以若想研究混杂纤维复合材料，首先应先了解混杂纤维复合材料的树脂基体。

复合材料树脂基体所用的树脂类型很多，最早应用的是酚醛树脂，当前应用最多的是聚酯树脂，约占80%，应用在飞行器受力结构上的多为环氧树脂。近年来热塑性树脂发展很快，已在应用上占有一定比例。

2. 增强材料

混杂纤维复合材料所用的增强材料主要有碳纤维、Kevlar纤维、玻璃纤维等，其力学性能主要由增强纤维承担。纤维的力学性能与结构、环境和介质因素的关系都十分密切，物质强度理论指出，材料的强度除了取决于分子结构外，还取决于结构的完整性，即位错、缺陷、杂质的存在情况等，即结构决定性质。完整晶体是材料的最高强度形式，也就是说物质的结构越完整，相应的强度越高。理想完整晶体难以获得，但近于理想晶体的晶须以及近于晶须的纤维材料是易于得到的，如碳纤维和Kevlar纤维、玻璃纤维等。

7.3.2 混杂纤维复合材料的基本性能

混杂纤维复合材料的性能，不仅与材料的组分和含量有关，而且还与工艺设计及结构设计有关，归纳混杂纤维复合材料的基本性能有以下几方面。

1. 提高并改善复合材料的某些性能

通过两种或多种纤维、两种或多种树脂基体混杂复合，依据组分的不同，含量的不同，复合结构类型的不同，可得到不同的混杂复合材料，从而提高或改善复合材料的某些性能。

2. 使结构设计与材料设计统一的性能

混杂纤维复合材料与单一纤维复合材料比较更突出了材料与结构的统一性，就是说结构设计的本身包含着材料的设计。混杂纤维复合材料可以根据结构的使用性能要求，通过不同类型纤维、不同纤维的相对含量和不同的混杂方式进行设计。

3. 使构件设计自由度扩大的性能

单一纤维增强复合材料的构件设计自由度较一般工程材料的自由度要大，而混杂复合材料构件的设计自由度可进一步扩大。由于混杂复合材料构件工艺实现的可能性超过单一纤维复合材料，相应又进一步扩大了构件的设计自由度。如高速飞机机翼，由玻璃纤维复合材料制造，则刚度除翼尖外都能满足。为解决翼尖的刚度不足，可以求助于混杂纤维复合材料，即在翼尖处增加或换成部分碳纤维，则较容易达到设计要求。又如，直升机的旋翼虽可以用玻璃纤维复合材料设计与制造，但由于结构与刚度的因素，发现要达到C型梁的刚度时，会增加质量和出现共振现象，可在后缘位置采用碳纤维、玻璃纤维混杂复合材料，工艺即可实现，结构性能又满足了使用要求。

7.4 纳米复合材料

7.4.1 概况

【纳米复合材料概况】

纳米材料是指尺度为 1～100nm 的超微粒经压制、烧结或溅射而成的凝聚态固体。它具有断裂强度高、韧性好、耐高温等特性。自从德国科学工作者发展了惰性气体凝聚法，即在高真空超纯条件下将超微金属粉末的制备和成型结合在一起原位压制成固体材料，并对其性能和结构进行研究以来，世界各国先后对这种新型纳米材料给予极大关注。纳米材料已成为当前材料科学和凝聚态物理领域中的研究热点，被视为 21 世纪最有前途的材料，其中就包括纳米复合材料。

纳米复合材料是指分散相尺度至少有一维小于 100nm 的复合材料，从基体与分散相的粒径大小关系，可分为微米-微米、微米-纳米、纳米-纳米的复合材料。

根据 Hall-Petch 方程，材料的屈服强度与晶粒尺寸平方根成反比。这表明，随晶粒的细化，材料强度将显著增加。此外，大体积的界面区将提供足够的晶界滑移机会，导致形变增加。纳米晶陶瓷因巨大的表面能，其烧结温度可大幅下降。如用纳米氧化锌毛细粉制备陶瓷比用常规微米级粉制备时烧结温度降低 400℃ 左右，即从 1600℃ 降到 1200℃ 左右即可烧结致密化。由于纳米分散相有大的表面积和强的界面相互作用，纳米复合材料表现出不同于一般宏观复合材料的力学、热学、电学、磁学和光学性能，还可能具有原组分不具备的特殊性能和功能，为设计制备高性能、多功能新材料提供了新的机遇。

纳米复合材料涉及的范围广泛，包括纳米陶瓷复合材料、纳米金属复合材料、纳米磁性复合材料、纳米催化复合材料、纳米半导体复合材料等。

纳米复合材料制备科学在当前纳米材料科学研究中占有极其重要的地位。新的制备技术研究与纳米材料的结构和性能之间存在密切关系。纳米复合材料的合成与制备技术包括作为原材料的粉体及纳米薄膜材料的制备，以及纳米复合材料的成型方法。本节侧重介绍纳米粉体的合成以及纳米-微米和纳米-纳米复合材料、无机-有机纳米复合材料的制备、结构与性能等内容。

7.4.2 纳米粉体的制备

【纳米粉体的制备】

1. 化学制备法

（1）化学沉淀法

① 共沉淀法。在含有多种阳离子的溶液中加入沉淀剂，使金属离子完全沉淀的方法称为共沉淀法。共沉淀法可制备 $BaTiO_3$、$PbTiO_3$ 等 PZT 系电子陶瓷及 ZrO_2 等粉体。以 CrO_2 为晶种的草酸沉淀法，制备了 La、Ca、Co、Cr 掺杂氧化物及掺杂 $BaTiO_3$ 等。以 $Ni(NO_3)_2 \cdot 6H_2O$ 溶液为原料、乙二胺为络合剂、NaOH 为沉淀剂，制得 $Ni(OH)_2$ 超微粉，经热处理后得到 NiO 超微粉。

与传统的固相反应法相比,共沉淀法可避免引入对材料性能不利的有害杂质,生成的粉末具有较高的化学均匀性,粒度较细,颗粒尺寸分布较窄且具有一定的形貌。

② 均匀沉淀法。在溶液中加入某种能缓慢生成沉淀剂的物质,使溶液中的沉淀均匀出现,称为均匀沉淀法。均匀沉淀法克服了由外部向溶液中直接加入沉淀剂而造成沉淀剂的局部不均匀性。

均匀沉淀法多数在金属盐溶液中采用尿素热分解生成沉淀剂 NH_4OH,促使沉淀均匀生成。制备的粉体有 Al、Zr、Fe、Sn 的氢氧化物及 $Nd_2(CO_3)_3$ 等。

③ 多元醇沉淀法。许多无机化合物可溶于多元醇,由于多元醇具有较高的沸点,可大于100℃,因此可用高温强制水解反应制备纳米颗粒。例如 $Zn(Ac)_2 \cdot 2H_2O$ 溶于一缩二乙二醇(DEG),于 100℃~220℃下强制水解可制得单分散球形 ZnO 纳米粒子。又如使酸化的 $FeCl_3$-乙二醇-水体系强制水解可制得均匀的 Fe(Ⅲ)氧化物胶粒。

④ 沉淀转化法。沉淀转化法依据化合物之间溶解度的不同,通过改变沉淀转化剂的浓度、转化温度以及表面活性剂来控制颗粒生长和防止颗粒团聚。例如:以 $Cu(NO_3)_2 \cdot 3H_2O$、$Ni(NO_3)_2 \cdot 6H_2O$ 为原料,分别以 Na_2CO_3、NaC_2O_4 为沉淀剂,加入一定量表面活性剂,加热搅拌,分别以 Na_2CO_3、NaOH 为沉淀转化剂,可制得 CuO、$Ni(OH)_2$、NiO 超细粉末。

沉淀转化法工艺流程短,操作简便,但制备的化合物仅局限于少数金属氧化物和氢氧化物。

(2) 化学还原法

① 水溶液还原法。水溶液还原法是指采用葡萄糖、硼氢化钠(钾)等还原剂,在水溶液中制备超细金属粉末或非晶合金粉末,并利用高分子保护 PVP(聚乙烯基吡咯烷酮)阻止颗粒团聚及减小晶粒尺寸。用水溶液还原法以硼氢化钾作还原剂制得 Fe-Co-B(10~100nm)、Fe-B(400nm)、Ni-P 非晶合金。水溶液还原法的优点是获得的粒子分散性好,颗粒形状基本呈球形,过程也可控制。

② 多元醇还原法。最近,多元醇还原法已被应用于合成细的金属粒子。该工艺主要利用金属盐可溶于或悬浮于乙二醇(EG)、一缩二乙二醇(DEG)等醇中,当加热到醇的沸点时,与多元醇发生还原反应,生成金属沉淀物,通过控制反应温度或引入外界成核剂,可得到纳米级粒子。

③ 气相还原法。气相还原法是制备微粉的常用方法。例如,用 15%H_2-85%Ar 还原金属复合氧化物制备出粒径小于 35nm 的 CuRh,g-$Ni_{0.33}Fe_{0.66}$ 等。

④ 碳热还原法。碳热还原法的基本原理是以炭黑、SiO_2 为原料,在高温炉内氮气保护下,进行碳热还原反应获得微粉,通过控制其工艺条件可获得不同产物。目前研究较多的是 Si_3N_4 粉体、SiC 粉体及 SiC-Si_3N_4 复合粉体的制备。

(3) 溶胶-凝胶法

溶胶-凝胶法广泛应用于金属氧化物纳米粒子的制备。前驱物用金属醇盐或非醇盐均可。此方法的实质是前驱物在一定条件下水解成溶胶,再制成凝胶,经干燥纳米材料热处理后制得所需纳米粒子。

在制备氧化物时,复合醇盐常被用作前驱物。在 Ti 或其他醇盐的乙醇溶液中,以醇盐或其他盐引入第二种金属离子(如 Ba、Pb、Al),可制得复合氧化物。

(4) 水热法

水热法是在高压釜里的高温、高压反应环境中，采用水作为反应介质，使得通常难溶或不溶的物质溶解。反应还可进行重结晶。水热技术具有两个特点：一是其相对低的温度，二是在封闭容器中进行，避免了组分挥发。水热条件下粉体的制备有水热结晶法、水热合成法、水热分解法、水热脱水法、水热氧化法、水热还原法等。近年来还发展出电化学热法以及微波水热合成法。前者将水热法与电场相结合，而后者用微波加热水热反应体系。与一般湿化学法相比较，水热法可直接得到分散且结晶良好的粉体，不需做高温灼烧处理，避免了可能形成的粉体硬团聚。

(5) 溶剂热合成法

溶剂热合成法是指用有机溶剂代替水作介质，采用类似水热合成的原理制备纳米微粉。非水溶剂代替水，不仅扩大了水热技术的应用范围，而且能够实现通常条件下无法实现的反应，包括制备具有亚稳态结构的材料。

(6) 热分解法

在间硝基苯甲酸稀土配合物的热分解中，由于含有硝基（—NO_2 基团），其分解反应极为迅速，使产物粒子来不及长大，得到纳米微粉。

(7) 微乳液法

微乳液通常是由表面活性剂、助表面活性剂（通常为醇类）、油类（通常为碳氢化合物）组成的透明的、各向同性的热力学稳定体系。微乳液中，微小的"水池"为表面活性剂和助表面活性剂所构成的单分子层包围成的微乳颗粒，其大小在几至几十纳米间。这些微小的"水池"彼此分离，就是"微反应器"。它拥有很大的界面，有利于化学反应。这显然是制备纳米材料的又一有效技术。

与其他化学法相比，微乳液法制备的粒子不易聚结，大小可控，分散性好。

(8) 高温燃烧合成法

高温燃烧合成法是指利用外部提供必要的能量诱发高放热化学反应，体系局部发生反应形成化学反应前沿（燃烧波），化学反应在自身放出热量的支持下快速进行，燃烧波蔓延整个体系。反应热使前驱物快速分解，导致大量气体放出，避免了前驱物因熔融而粘连，减小了产物的粒径。体系在瞬间达到几千度的高温，可使挥发性杂质蒸发除去。

(9) 模板合成法

模板合成法是指利用基质材料结构中的空隙作为模板进行合成。结构基质为多孔玻璃、分子筛、大孔离子交换树脂等。

(10) 电解法

电解法包括水溶液电解法和熔盐电解法两种。用电解法可制得很多用通常方法不能制备或难以制备的金属超微粉，尤其是负电性很大的金属粉末，还可制备氧化物超微粉。例如，采用加有机溶剂于电解液中的滚筒阴极电解法，可以制备出金属超微粉。其过程为将滚筒置于两液相交界处，跨于两液相之中。当滚筒在水溶液中时，金属在其上面析出，而转动到有机液中时，金属析出停止，而且已析出之金属被有机溶液涂覆。当再转动到水溶液中时，又有金属析出，但后析出的金属与先析出的金属间因有机膜阻隔而不能联结在一起，仅以超微粉体形式析出。用电解法得到的粉末纯度高，粒径细，而且成本低，适于扩大工业生产。

2. 化学物理合成法

(1) 喷雾法

喷雾法是将溶液通过各种物理手段雾化，再经物理、化学途径而转变为超细微粒子。

(2) 化学气相沉积法

一种或数种反应气体通过热、激光、等离子体等发生化学反应析出超微粉的方法，称为化学气相沉积法。由于气相中的粒子成核及生长的空间增大，制得的产物粒子细，形貌均一，具有良好的单分散度。但制备常常在封闭容器中进行，保证了粒子具有更高的纯度。化学气相沉积技术更多的应用于陶瓷超微粉的制备。

等离子体作为化学气相沉积的热源时，按其产生方式分为直流等离子体（D. C. Plasma）和射频等离子体（R. F. Plasma）。作为理想高温热源，利用等离子体内的高能电子激活反应气体分子使之离解或电离，获得离子和大量活性基团，在收集体表面进行化学反应，形成纳米固体。

等离子体具有气氛可变、温度易控的优异特点，选用不同的成流气体，形成氧化、还原或惰性气氛以制备各种氧化物、碳化物或氮化物纳米粒子。由于反应物利用率高、产率大，而使其应用范围拓宽。

(3) 爆炸反应法

爆炸反应法是指在高强度密封容器中发生爆炸反应生成产物纳米微粉。例如，用爆炸反应法制备出 5～10nm 金刚石微粉，方法是密封容器中装入炸药后抽真空，然后充入 CO_2 气体，以避免爆炸过程中被氧化，并注入一定量水作为冷却剂，以增大爆炸产物的降温速率，减少单质碳生成石墨和无定形碳，提高金刚石的产率。

(4) 冷冻-干燥法

冷冻-干燥法是将金属盐的溶液雾化成微小液滴，快速冻结为粉体。加入冷却剂使其中的水升华气化，再焙烧合成超微粒。在冻结过程中，为了防止溶解于溶液中的盐发生分离，最好尽可能把溶液变为细小液滴。常见的冷冻剂有乙烷、液氮。借助于干冰-丙酮的冷却使乙烷维持在 $-77℃$ 的低温，而液氮能直接冷却到 $-196℃$，但是用乙烷的效果较好。干燥过程中，冻结的液滴受热，使水快速升华，同时采用凝结器捕获升华的水，使装置中的水蒸气降压，提高干燥效果。为了提高冻结干燥效率，盐的浓度很重要，过高或过低均有不利影响。

(5) 反应性球磨法

反应性球磨法克服了气相冷凝法制粉效率低、产量小而成本高的局限。一定粒度的反应粉末（或反应气体）以一定的配比置于球磨机中高能球磨，同时保持研磨体与粉末的质量比和研磨体球径比并通入氩气保护。例如，通过采用球磨法可制备出纳米合金 WSi_2、$MoSi$ 等。

(6) 超临界流体干燥法

超临界干燥技术是使被除去的液体处在临界状态，在除去溶剂过程中气液两相不再共存，从而消除表面张力及毛细管作用力，防止凝胶的结构塌陷和凝聚，得到具有大孔、高表面积的超细氧化物。制备过程中,达到临界状态可通过两种途径:一般是在高压釜中温度和压力同时增加到临界点以上;也有先把压力升到临界压力以上,然后升温并在升温过程中不断放出溶剂,保持所需的压力。

(7) 微波辐照法

利用微波照射含有极性分子(如水分子)的电介质,由于水的偶极子随电场正负方向的变化而振动,转变为热而起到内部加热作用,从而使体系的温度迅速升高。微波加热既快又均匀,有利于均匀分散粒子的形成。

微波辐照法通过控制体系中 pH、温度、压力以及反应物浓度,可以制备出二元及多元氧化物。微波加速了反应过程,并使最终产物出现新相。

(8) 紫外红外光辐照分解法

用紫外光作辐射源辐照适当的前驱体溶液,也可制备纳米微粉。利用红外光作为热源,照射可吸收红外光的前驱体,如金属羰基络合物溶液,使得金属羰基分子团之间的键打破,从而使金属原子缓慢地聚集成核、长大以致形成非晶态纳米颗粒。

3. 物理方法

纳米粉体的物理制备方法包括采用光、电技术使材料在真空或惰性气氛中蒸发,然后使原子或分子形成纳米颗粒的方法,还包括球磨、喷雾等以力学过程为主的制备技术。

(1) 蒸发冷凝法

蒸发冷凝法是指在高真空的条件下,金属试样经蒸发后冷凝。试样蒸发方式包括电弧放电产生高能电脉冲或高频感应等以产生高温等离子体,使金属蒸发。20 世纪 80 年代初,H. Gleiter 等人首先用气体冷凝法制得的具有清洁表面的纳米微粒,在超高真空条件下紧压致密得到纳米固体。在高真空室内,导入一定压力 Ar 气,当金属蒸发后,金属粒子被周围气体分子碰撞,凝聚在冷凝管上成 10nm 左右的纳米颗粒,其尺寸可以通过调节蒸发温度场、气体压力进行控制,可以制备出最小粒径为 2nm 的颗粒。蒸发冷凝法制备的超微颗粒具有纯度高、粒径分布窄、结晶良好、表面易清洁和粒度易于控制等特征,原则上适用于任何被蒸发的元素以及化合物。

流动油面冷凝法是在相当于冷凝器的转动圆盘上保持油的流动,当金属蒸气降落在油面上时,冷凝形成纳米粒子,通过控制金属蒸发速度、油的黏度、圆盘转速等,可制得平均粒径为 3nm 的 Ag、Au、Cu、Pb 等粒子。

(2) 激光聚集原子沉积法

用激光控制原子束在纳米尺度下的移动,使原子平行沉积以实现纳米材料的预期目的的构造。激光作用于原子束通过两个途径,即瞬时力和偶合力。在接近共振的条件下,原子束在沉积过程中被激光驻波作用而聚集,逐步沉积在硅衬底上,形成指定形状,如线形。

(3) 非晶晶化法

通过晶化过程的控制,将非晶材料转变为纳米材料。例如,将 $Ni_{80}P_{20}$ 非晶合金条带在不同温度下进行等温热处理,使其产生纳米尺寸的合金晶粒。纳米晶粒的长大与其中的晶界类型有关。采用单辊液态法制备出系列纳米非晶合金 FeCuMSiB(M＝Nb、Mo、Cr

等），利用非晶晶化方法，在最佳的退火条件下，从非晶体中均匀地长出粒径为 10～20nm 的 α-Fe(Si) 晶粒。由于减少了 Nb 的含量，原料成本降低了 40%。在纳米结构的控制中，其他元素的加入具有相当重要的作用。研究表明，加入 Cu、Nb、W 元素可以在不同的热处理温度得到不同的纳米结构，如 450℃时晶粒为 2nm；500℃～600℃时晶粒为 10nm；而当温度高于 650℃，晶粒大于 60nm。

（4）机械球磨法

机械球磨法以粉碎与研磨为主体来实现粉末的纳米化，可以制备纳米纯金属和合金。高能球磨可以制备具有 bcc 结构（如 Cr、Nb、W 等）和 hcp 结构（如 Zr、Hf、Ru 等）的金属纳米晶，但会有相当的非晶成分；而对于 fcc 结构的金属则不易形成纳米晶。

机械合金化法是用高能研磨机或球磨机实现固态合金化的过程。它是 1970 年由美国 INCO 公司的 Benjamin 为制备 Ni 基氧化物粒子弥散强化合金而研制成的一种技术。1988 年 Shingu 首先报道了用此法制备晶粒小于 10nm 的 Al-Fe 合金。该法工艺简单，制备效率高，能制备出常规方法难以获得的高熔点金属合金纳米材料。近年来，发展出助磨剂物理粉碎法及超声波粉碎法，可制得粒径小于 100nm 的微粒。

（5）离子注入法

用同位素分离器使具有一定能量的离子硬嵌在某一与它固态不相溶的衬底中，然后加热退火，让它偏析出来。它形成的纳米微晶在衬底中深度分布和颗粒大小可通过改变注入离子的能量和剂量，以及退火温度来控制。在一定注入条件下，经一定含量氢气保护的热处理后获得了在 Cu、Ag、Al、SiO_2 中的 α-Fe 纳米微晶。Fe 和 C 双注入制备出在 SiO_2 和 Cu 中的 Fe_3O_4 和 Fe-N 纳米微晶。纳米微晶的形成与热扩散系数以及扩散长度有关。例如，Fe 在 Si 中就不能制备纳米微晶，这可能由于 Fe 在 Si 中扩散系数和扩散长度太大的缘故。

综上所述，目前纳米材料的制备方法，以物料状态来分可归纳为固相法、液相法和气相法三大类。固相法中热分解法制备的产物易固结，需再次粉碎，成本较高。物理粉碎法及机械合金化法工艺简单，产量高，但制备过程中易引入杂质。气相法可制备出纯度高、颗粒分散性好、粒径分布窄而细的纳米微粒。20 世纪 80 年代以来，随着对材料性能与结构关系的理解，开始采用化学途径对性能进行"剪裁"，并显示出巨大的优越性和广泛的应用前景。液相法是实现化学"剪裁"的主要途径。这是因为依据化学手段，往往不需要复杂的仪器，仅通过简单的溶液过程就可对性能进行"剪裁"。

复习思考题

1. 简述化学气相沉积工艺使碳/碳复合材料致密化的基本原理和方法。
2. 请列举混合纤维复合材料的性能特点，并针对某一性能探讨其实际使用状况。
3. 简述纳米复合材料的制备方法中的物理方法。
4. 混凝土的组成材料及各组成材料的作用有哪些？

【超高韧性水泥基复合材料在工程中的应用】

超高韧性水泥基复合材料在工程中的应用

超高韧性水泥基复合材料（Engineered Cementitious Cmposites，ECC）是一种新型建筑材料，它既具有优良的抗拉与抗压能力，同时又具有良好的耐久性能。下面通过几个关于超高韧性水泥基复合材料耐久性的实验，证明该水泥在工程耐久性能方面具有独特的优势，具有广泛的应用价值。

1. 提高钢筋混凝土结构耐久性

在钢筋混凝土结构中，氧气和水穿越裂缝到达钢筋表面是钢筋发生锈蚀的必要条件，而侵蚀性物质则一般是随着水迁移到钢筋混凝土构件内部的。研究表明，水向混凝土内部渗透的速率与裂缝宽度的3次幂成正比。而当裂缝宽度小于一定临界值后便不会有水可以渗入混凝土内部，并且纤维的掺入还可以进一步降低渗透速率。对应素混凝土的临界裂缝宽度为 $100\mu m$，掺 1.7% 聚丙烯腈纤维的混凝土为 $140\mu m$，掺 1% 钢纤维的混凝土为 $155\mu m$。一般的工业及民用建筑宽度小于 $50\mu m$ 的裂缝对使用都无危险性，因此可以假定宽度小于 $50\mu m$ 裂缝结构为无裂缝结构。对于最恶劣暴露条件下钢筋混凝土构件裂缝宽度的限值，美国 ACI224 委员会规定为 $102\mu m$，欧洲共同体委员会1984年版混凝土结构规范建议为 $100\mu m$，我国《混凝土结构耐久性设计与施工指南》CCES 01—2004 的 2005 年修订版中规定的裂缝宽度限值为 $100\mu m$。

2. 桥面板的耐久性修补

2002年美国的密歇根大学与密歇根州交通局合作，使用超高韧性水泥基复合材料对桥面板进行修补。作为示范项目，为了便于监控和尽量少地影响交通，且修补厚度尽可能薄，工程地点选在一座建于1976年的四跨简支钢梁桥。修补完成2天后，超高韧性水泥基复合材料中无可见裂缝，而混凝土中的裂缝清晰可见，对应宽度约为 $300\mu m$。在经过4个月的冬季暴露条件作用后，超高韧性水泥基复合材料中发现了许多宽度大约为 $5\mu m$ 的微裂缝，而混凝土部分在浇筑完成不久后裂缝宽度扩展到 $2000\mu m$，对应位置出现混凝土劣化和剥落现象。约 30 个月继续观测，超高韧性水泥基复合材料部分裂缝宽度依然保持在 $50\mu m$，而混凝土部分已经严重劣化，裂缝宽度扩展到 $4000\mu m$。在荷载和环境作用相同的情况下，使用超高韧性水泥基复合材料修补路面比使用混凝土材料从浇筑完成开始便显现出优越性，并且随着时间的推移，这种优势也变得越发明显，这表明超高韧性水泥基复合材料是一种耐久的建筑材料。

3. 使用超高韧性水泥基复合材料维修大坝

位于日本广岛地区的三鹰大坝在历经60多年的历史后，坝体表面出现了大量的裂缝，并伴有部分混凝土的剥落，这些都可能导致坝体发生渗水事故。2003年，日本一公司使用喷射超高韧性水泥基复合材料成功地修复了 $600m^2$ 的受损坝面。

4. 超高韧性水泥基复合材料在铁路高架桥维修中的应用

日本一工程公司利用喷射超高韧性水泥基复合材料对高架桥进行了耐久性修补，模型试验中，喷射了 10mm 厚超高韧性水泥基复合材料的试件。在 20 年的疲劳荷载作用下超高韧性水泥基复合材料层未出现分层和剥落现象，与对比梁相比挠度减小了 20%，并且避免了裂缝进一步变宽的趋势，超高韧性水泥基复合材料的应用有效地分散了拉应力。

5. 无伸缩缝桥面板连接板

超高韧性水泥基复合材料的拉应变能力通常在 2%～5%，为混凝土的 200～500 倍，有时甚至会更高。因此说超高韧性水泥基复合材料是承受连接板位置拉伸变形的理想材料。由于超高韧性水泥基复合材料本身固有的可以产生多条细密裂缝的特点，连接板中不再需要布置很多的钢筋来限制裂缝宽度，甚至有可能不需要配置任何钢筋。这样一来连接板就成为柔性部件，在相邻两跨桥面板的变形过程中起类似铰链的作用，从而可以最小程度地改变原有的弯矩分布。显然，超高韧性水泥基复合材料的使用不仅使设计变得简单，并且对裂缝宽度的控制也变得更加有效。

6. 超高韧性水泥基复合材料在输水渡槽维修中的应用

2003 年，日本一家公司使用 PVA-ECC 对滋贺县一处受损输水渡槽进行了修补，同时用来作对比的修补材料还有玻璃纤维增强聚合物砂浆。工程完成 1 个月后，现场检测发现，在使用玻璃纤维增强聚合物砂浆段出现了数条很明显的宏观裂缝，而在 PVA-ECC 段仅有微观裂缝，且需要近距离细心观察才能发现。

参 考 文 献

[1] 刘兰. 金属材料在当代建筑设计中的建构逻辑与诗意表现 [D]. 天津：天津大学，2010.
[2] 田小永，侯章浩，张俊康，等. 高性能树脂基复合材料轻质结构 3D 打印与性能研究 [J]. 航空制造技术，2017，529(10)：34-39.
[3] 张以河. 复合材料学 [M]. 北京：化学工业出版社，2011.
[4] 冯小明，张崇才. 复合材料 [M]. 重庆：重庆大学出版社，2007.
[5] 刘雄亚. 复合材料新进展 [M]. 北京：化学工业出版社，2007.
[6] 吴人洁. 复合材料 [M]. 天津：天津大学出版社，2000.
[7] 魏月贞. 复合材料 [M]. 北京：机械工业出版社，1987.
[8] 李嘉，崔姝艺，桂佳俊，等. 快速固化碳纤维复合材料及其在汽车领域的应用 [J]. 高科技纤维与应用. 2017，42(2)：10-16.
[9] 高铁，洪智亮，杨娟. 商用航空发动机陶瓷基复合材料部件的研发应用及展望 [J]. 航空制造技术，2014，6：14-21.
[10] 孙长义，于琨. 金属基复合材料在美国航天飞机上的应用（上）——美国航天飞机上的硼/铝管构件 [J]. 航空材料，1987(5)：31-35.
[11] 于琨，孙长义. 金属基复合材料在美国航天飞机上的应用（下）——为什么美国航天飞机选用硼/铝复合材料 [J]. 航空材料，1987(6)：37-40.
[12] 益小苏，杜善义，张立同. 复合材料手册 [M]. 北京：化学工业出版社，2009.
[13] 于化顺. 金属基复合材料及其制备技术 [M]. 北京：化学工业出版社，2006.
[14] 陶杰，赵玉涛，潘蕾，等. 金属基复合材料制备新技术导论 [M]. 北京：化学工业出版社，2007.
[15] 李凤平. 金属基复合材料的发展与研究现状 [J]. 玻璃钢/复合材料，2004 (1)：48-52.
[16] 张荻，张国定，李志强. 金属基复合材料的现状与发展趋势 [J]. 中国材料进展，2010，29(4)：1-7.
[17] 史冬梅，潘坚. 国内外新材料产业发展现状 [J]. 新材料产业，2000 (12)：86-94.
[18] 王涛，赵宇新，付书红，等. 连续纤维增强金属基复合材料的研制进展及关键问题 [J]. 航空材料学报，2013，33(2)：87-96.
[19] 韩圭焕，武高辉. 蔡-希尔失效判据在 W/420/Cu 复合材料中的实验研究 [J]. 哈尔滨工业大学学报，1983 (3)：82-94.
[20] 武高辉，河野纪雄，等. Reinforcement of SiC whisker · Al_2O_3 particle/6061 aluminum alloy composite materials [J]. Journal of Japan Institute of Light Metals，1992，42(7)：377-382.
[21] 黄晓莉，武高辉，窦作勇. 轻质微孔电磁屏蔽铝基复合材料研究 [J]. 功能材料信息，2005，2(4)：69-70.
[22] 张净，涂文斌. 浅谈金属基复合材料 [J]. 科技风，2009 (23)：263-269.
[23] 王燕，朱晓林，朱宇宏，等. 金属基复合材料概述 [J]. 中国标准化，2013 (5)：33-37.
[24] 吴人洁. 金属基复合材料的现状与展望 [J]. 金属学报，1997，33(1)：78-84.
[25] 张荻. 金属基复合材料发展战略 [J]. 中国空间科学学会空间材料专业委员会 2011 学术交流会会议论文集 [C]，2011：7-9.
[26] 袁杰，王文山. 复合材料在商用发动机作动系统中的应用分析 [J]. 航空发动机，2017，43(3)：98-102.
[27] 陈博. 中国树脂基复合材料的发展 [J]. 纤维复合材料，2008，25(3)：1-16.

[28] 梁基照. 聚合物基复合材料设计与加工 [M]. 北京：机械工业出版社，2011.
[29] 陈宇飞，郭艳宏，戴亚杰. 聚合物基复合材料 [M]. 北京：化学工业出版社，2010.
[30] 王汝敏，郑水蓉，郑亚萍. 聚合物基复合材料 [M]. 2版. 北京：科学出版社，2011.
[31] 苏云洪，刘秀娟，杨永志. 复合材料在航空航天中的应用 [J]. 工程与试验，2008 (4)：36-38.
[32] 蒋鞠慧，陈敬菊. 复合材料在轨道交通上的应用与发展 [J]. 玻璃钢/复合材料，2009 (6)：81-85.
[33] 耿运贵，张永涛. 树脂基复合材料的应用与发展趋势 [J]. 河南理工大学学报（自然科学版），2007，26(2)：192-197.
[34] 陈祥宝，张宝艳，邢丽英. 先进树脂基复合材料技术发展及应用现状 [J]. 中国材料进展，2009，28(6)：2-12.
[35] 刘东辉. 复合材料低成本化进展与分析 [J]. 纤维复合材料，2012 (2)：41-44.
[36] 刘道春. 复合材料在高新技术中的地位与发展趋势 [J]. 化学工业，2012，30(9)：33-37.
[37] 李瑶，王雷，赵金海，等. 仿生材料的研究进展 [J]. 黑龙江科学，2012，3(1)：32-34.
[38] 刘洪涛，周彦豪，叶舒展，等. 纤维增强聚合物基复合材料的回收与再资源化 [J]. 材料导报，2004，18(9)：54-56.
[39] 黄春芳，曾竟成，江大志，等. 先进复合材料在无人机和太阳能飞机上的应用 [J]. 材料保护，2013 (46)：133-136.
[40] 李杏军，易建政，杜仕国. 聚合物基复合材料在包装中的应用 [J]. 包装工程，1997，18(4)：17-19.
[41] 李云凯，周张健. 陶瓷及其复合材料 [M]. 北京：北京理工大学出版社，2007.
[42] 朱则刚. 陶瓷基复合材料展现发展价值开发应用新蓝海 [J]. 现代技术陶瓷，2013(2)：20-25.
[43] 王俊奎，周施真. 陶瓷基复合材料的研究进展 [J]. 复合材料学报，1990 (4)：1-8.
[44] 赵东林，周万城. 陶瓷基复合材料及其制造工艺 [J]. 西安工程学院学报，1998，20(2)：36-38.
[45] 林广新，王晓宾，胡福增，等. 陶瓷基复合材料概况 [J]. 玻璃钢/复合材料，1991 (3)：36-39.
[46] 邓建新，李兆前，艾兴. 晶须增韧陶瓷基复合材料的进展 [J]. 材料导报，1994 (5)：72-75.
[47] 李理，杨丰科，侯耀永. 纳米颗粒复合陶瓷材料 [J]. 材料导报，1996 (4)：67-73.
[48] 王零森. 特种陶瓷 [M]. 长沙：中南工业大学出版社，1994.
[49] 吴人洁. 复合材料的未来发展 [J]. 机械工程材料，1994，18(1)：16-20.
[50] 何新波，杨辉，张长瑞，等. 连续纤维增强陶瓷基复合材料概述 [J]. 材料科学与工程，2002，2(7)：273-278.
[51] 高春华，黄新友. 纳米陶瓷的性能及制备技术 [J]. 云南大学学报（自然科学版），2002，24(1A)：49-52.
[52] 王鸣，董志国，张晓越，等. 连续纤维增强碳化硅陶瓷基复合材料在航空发动机上的应用 [J]. 航空制造技术，2014，450(6)：10-13.
[53] 邹豪，王宇，刘刚，等. 碳化硅纤维增韧碳化硅陶瓷基复合材料的发展现状及其在航空发动机上的应用 [J]. 航空制造技术，2017，534(15)：76-84.
[54] Roko K, Kanda T. Presentation Recent HPFRCC R&D Process in Japan Proceedings of International Workshop on HPFRCC in Structural aplications [J]. Bagneux：RILEM Publications SARL, 2005：23-26.
[55] Maalej M, Li V C. Introduction of Strain Hardening Engineered Cementitious Composites in the Design of Reinforeed Concrete Flexural Members for Improved Durability [J]. Structural Journal, American Concrete Institute, 1995, 92(2)：167-176.
[56] 李贺东. 超高韧性水泥基复合材料试验研究 [D]. 大连：大连理工大学，2008.
[57] 刘燕. 纳米复合材料的研究及应用 [J]. 广西轻工业，2007(5)：17-19.

北京大学出版社材料类相关教材书目

序号	书　名	标准书号	主　编	定价	出版日期
1	材料成型设备控制基础	978-7-301-13169-5	刘立君	34	2008.1
2	锻造工艺过程及模具设计	978-7-5038-4453-5	胡亚民，华　林	30	2016.8
3	材料成形 CAD/CAE/CAM 基础	978-7-301-14106-9	余世浩，朱春东	35	2014.12
4	材料成型控制工程基础	978-7-301-14456-5	刘立君	35	2017.1
5	铸造工程基础	978-7-301-15543-1	范金辉，华　勤	40	2009.8
6	铸造金属凝固原理	978-7-301-23469-3	陈宗民，于文强	43	2016.4
7	材料科学基础（第 2 版）	978-7-301-24221-6	张晓燕	44	2015.5
8	无机非金属材料科学基础	978-7-301-22674-2	罗绍华	53	2016.6
9	模具设计与制造（第 2 版）	978-7-301-24801-0	田光辉，林红旗	56	2017.5
10	材料物理与性能学	978-7-301-16321-4	耿桂宏	39	2012.5
11	金属材料成形工艺及控制	978-7-301-16125-8	孙玉福，张春香	40	2013.2
12	冲压工艺与模具设计(第 2 版)	978-7-301-16872-1	牟　林，胡建华	34	2016.1
13	材料腐蚀及控制工程	978-7-301-16600-0	刘敬福	32	2014.8
14	摩擦材料及其制品生产技术	978-7-301-17463-0	申荣华，何　林	45	2015.3
15	纳米材料基础与应用	978-7-301-17580-4	林志东	35	2017.12
16	热加工测控技术	978-7-301-17638-2	石德全，高桂丽	40	2018.1
17	智能材料与结构系统	978-7-301-17661-0	张光磊，杜彦良	28	2010.8
18	材料力学性能（第 2 版）	978-7-301-25634-3	时海芳，任　鑫	40	2016.12
19	材料性能学(第 2 版)	978-7-301-28180-2	付　华，张光磊	48	2017.8
20	金属学与热处理	978-7-301-17687-0	崔占全，王昆林等	50	2012.5
21	特种塑性成形理论及技术	978-7-301-18345-8	李　峰	30	2015.8
22	材料科学基础	978-7-301-18350-2	张代东，吴　润	36	2017.6
23	材料科学概论	978-7-301-23682-6	雷源源，张晓燕	36	2015.5
24	DEFORM-3D 塑性成形 CAE 应用教程	978-7-301-18392-2	胡建军，李小平	34	2017.7
25	原子物理与量子力学	978-7-301-18498-1	唐敬友	28	2012.5
26	模具 CAD 实用教程	978-7-301-18657-2	许树勤	28	2011.4
27	金属材料学	978-7-301-19296-2	伍玉娇	38	2013.6
28	材料科学与工程专业实验教程	978-7-301-19437-9	向　嵩，张晓燕	25	2011.9
29	金属液态成型原理	978-7-301-15600-1	贾志宏	35	2016.3
30	材料成形原理	978-7-301-19430-0	周志明，张　弛	49	2011.9
31	金属组织控制技术与设备	978-7-301-16331-3	邵红红，纪嘉明	38	2011.9
32	材料工艺及设备	978-7-301-19454-6	马泉山	45	2017.7
33	材料分析测试技术	978-7-301-19533-8	齐海群	28	2014.3
34	特种连接方法及工艺	978-7-301-19707-3	李志勇，吴志生	45	2012.1
35	材料腐蚀与防护	978-7-301-20040-7	王保成	38	2014.1
36	金属精密液态成形技术	978-7-301-20130-5	戴斌煜	32	2012.2
37	模具激光强化及修复再造技术	978-7-301-20803-8	刘立君，李继强	40	2012.8
38	高分子材料与工程实验教程	978-7-301-21001-7	刘丽丽	28	2012.8
39	材料化学	978-7-301-21071-0	宿　辉	32	2017.7
40	塑料成型模具设计(第 2 版)	978-7-301-27673-0	江昌勇，沈洪雷	57	2017.1
41	压铸成形工艺与模具设计（第 2 版）	978-7-301-28941-9	江昌勇	52	2018.1
42	工程材料力学性能	978-7-301-21116-8	莫淑华，于久灏等	32	2013.3
43	金属材料学	978-7-301-21292-9	赵莉萍	43	2012.10
44	金属成型理论基础	978-7-301-21372-8	刘瑞玲，王　军	38	2012.10
45	高分子材料分析技术	978-7-301-21340-7	任　鑫，胡文全	42	2012.10
46	金属学与热处理实验教程	978-7-301-21576-0	高聿为，刘　永	35	2013.1
47	无机材料生产设备	978-7-301-22065-8	单连伟	36	2013.2
48	材料表面处理技术与工程实训	978-7-301-22064-1	柏云杉	30	2014.12
49	腐蚀科学与工程实验教程	978-7-301-22030-5	王吉会	32	2013.9
50	现代材料分析测试方法	978-7-301-23499-0	郭立伟，朱　艳等	36	2015.4
51	UG NX 8.0+Moldflow 2012 模具设计模流分析	978-7-301-24361-9	程　钢，王忠雷等	45	2014.8
52	Pro/Engineer Wildfire 5.0 模具设计	978-7-301-26195-8	孙树峰，孙术彬等	45	2015.9
53	金属塑性成形原理	978-7-301-26849-0	施于庆，祝邦文	32	2016.3
54	造型材料(第 2 版)	978-7-301-27585-6	石德全	38	2016.10
55	砂型铸造设备及自动化	978-7-301-28230-4	石德全，高桂丽	35	2017.5
56	锻造成形工艺与模具	978-7-301-28239-7	伍太宾，彭树杰	69	2017.5
57	材料科学基础	978-7-301-28510-7	付　华，张光磊	59	2018.1
58	功能材料专业教育教学实践	978-7-301-28969-3	梁金生，丁燕	38	2018.2
59	复合材料导论	978-7-301-29486-4	王春艳	35	2018.7

如您需要更多教学资源如电子课件、电子样章、习题答案等，请登录北京大学出版社第六事业部官网 www.pup6.cn 搜索下载。

如您需要浏览更多专业教材，请扫下面的二维码，关注北京大学出版社第六事业部官方微信（微信号：pup6book），随时查询专业教材、浏览教材目录、内容简介等信息，并可在线申请纸质样书用于教学。

感谢您使用我们的教材，欢迎您随时与我们联系，我们将及时做好全方位的服务。联系方式：010-62750667，童编辑，13426433315@163.com，pup_6@163.com，lihu80@163.com，欢迎来电来信。客户服务 QQ 号：1292552107，欢迎随时咨询。